◆◆◆ 全国建设行业中等职业教育推荐教材 ◆◆◆

住房和城乡建设部中等职业教育市政工程

施工与给水排水专业指导委员会规划推荐教材

工程质量检验与控制

（市政工程施工专业）

王　梅　主　编

马敬起　主　审

中国建筑工业出版社

图书在版编目（CIP）数据

工程质量检验与控制/王梅主编. —北京：中国建筑工业出版社，2016.8

全国建设行业中等职业教育推荐教材. 住房和城乡建设部中等职业教育市政工程施工与给水排水专业指导委员会规划推荐教材

ISBN 978-7-112-19583-1

Ⅰ.①工… Ⅱ.①王… Ⅲ.①建筑工程-工程质量-质量检验-中等专业学校-教材②建筑工程-工程质量-质量控制-中等专业学校-教材 Ⅳ.①TU712

中国版本图书馆CIP数据核字（2016）第154365号

本书根据教育部2014年7月颁布的《中等职业学校市政工程施工专业教学标准（试行）》及最新的相关规范标准编写。本书主要内容包括：路基工程质量检验与控制、路面工程质量检验与控制、桥梁工程质量检验与控制、管道工程质量检验与控制。

本书可作为中等职业教育市政工程施工专业教材，也可供从事市政工程类及相关专业技术人员学习参考。

为了更好地支持本课程教学，本书作者制作了教学课件，有需求的读者可以发送邮件至：2917266507@qq.com免费索取。

责任编辑：聂　伟　陈　桦

责任校对：王宇枢　党　蕾

全国建设行业中等职业教育推荐教材

住房和城乡建设部中等职业教育市政工程施工与给水排水专业指导委员会规划推荐教材

工程质量检验与控制

（市政工程施工专业）

王　梅　主编

马敬起　主审

*

中国建筑工业出版社出版、发行（北京西郊百万庄）

各地新华书店、建筑书店经销

北京科地亚盟排版公司制版

北京君升印刷有限公司印刷

*

开本：787×1092毫米　1/16　印张：12½　字数：292千字

2016年8月第一版　2016年8月第一次印刷

定价：**28.00**元（赠课件）

ISBN 978-7-112-19583-1

(29019)

本系列教材编委会

序言

住房和城乡建设部中等职业教育专业指导委员会是在全国住房和城乡建设职业教育教学指导委员会、住房和城乡建设部人事司的领导下，指导住房城乡建设类中等职业教育（包括普通中专、成人中专、职业高中、技工学校等）的专业建设和人才培养的专家机构。其主要任务是：研究建设类中等职业教育的专业发展方向、专业设置和教育教学改革；组织制定并及时修订专业培养目标、专业教育标准、专业培养方案、技能培养方案，组织编制有关课程和教学环节的教学大纲；研究制订教材建设规划，组织教材编写和评选工作，开展教材的评价和评优工作；研究制订专业教育评估标准、专业教育评估程序与办法，协调、配合专业教育评估工作的开展等。

本套教材是由住房和城乡建设部中等职业教育市政工程施工与给水排水专业指导委员会（以下简称专指委）组织编写的。该套教材是根据教育部2014年7月公布的《中等职业学校市政工程施工专业教学标准（试行）》、《中等职业学校给排水工程施工与运行专业教学标准（试行）》编写的。专指委的委员专家参与了专业教学标准和课程标准的制定，并将教学改革的理念融入教材的编写，使本套教材能体现最新的教学标准和课程标准的精神。目前中等职业教育教材建设中存在教材形式相对单一、教材结构相对滞后、教材内容以知识传授为主、教材主要由理论课教师编写等问题。为了更好地适应现代中等职业教育的需要，本套教材在编写中体现了以下特点：第一，体现终身教育的理念；第二，适应市场的变化；第三，专业教材要实现理实一体化；第四，要以项目教学和就业为导向。此外，教材中采用了最新的规范、标准、规程，体现了先进性、通用性、实用性。

本套教材凝聚了全国中等职业教育“市政工程施工专业”和“给排水工程施工与运行专业”教师的智慧和心血。在此，向全体主编、参编、主审致以衷心的感谢。

教学改革是一个不断深化的过程，教材建设是一个不断推陈出新的过程，需要在教学实践中不断完善，希望本套教材能对进一步开展中等职业教育的教学改革发挥积极的推动作用。

住房和城乡建设部中等职业教育市政工程施工与给水排水专业指导委员会

2015年10月

前言 Preface

本书根据教育部2014年7月颁布的《中等职业学校市政工程施工专业教学标准（试行）》及最新的相关标准规范编写的新教材。本书是依据中等职业学校市政工程施工专业教学需求，为“工程质量检测与控制”课程编写的教材，具有较强的实践性和操作性。本书围绕市政工程质量检测与控制相关的职业能力培养，选取市政工程质量检测典型任务，融入市政工程质检员等职业资格鉴定的要求。通过理实一体化的教学使学生掌握市政工程质量检测与控制的基本知识，获得相关操作技能，具备从事市政工程质量检测与控制工作的相关职业能力。

本书以任务导向进行编写，充分体现项目教学、任务驱动等行动导向的课程设计理念，将相关职业活动分解成若干典型的工作任务，结合职业技能考证要求组织教材内容。本书在工程质量检测指标分析时，引入了必要的理论知识与技能，表述精炼、准确、科学，内容充分体现科学性、实用性、可操作性。

本书由天津市市政工程学校高级讲师（天津市中欣市政公路工程试验检测有限公司质量负责人）王梅主编。其余参编人员为广州市市政职业学校的郭雅、刘超，天津市市政工程学校的冯新珍、朱瑛。具体编写分工为：郭雅编写项目1，王梅编写项目2的任务2.1～任务2.6，冯新珍编写项目2的任务2.7～任务2.11，刘超编写项目3，朱瑛编写项目4。全书由天津路桥建设工程公司教授级高级工程师马敬起主审。

限于编者水平有限，本书难免存在疏漏和不妥之处，恳请读者批评指正。

目录
Contents

项目1
路基工程质量检验与控制

【项目描述】

路基介于路面和地基之间，它承受着本身的岩土自重和路面重力，以及由路面传递而来的行车荷载，是整个道路构造的重要组成部分。路基的施工质量直接影响到路面的质量，影响到整个道路的使用寿命，是道路工程中重要的组成部分。

路基工程质量检验与控制项目主要包括：路基土的最大干密度与最佳含水率、路基土的压实度、路基土的回弹模量、路基土的承载比CBR等。

任务1.1 路基土的最大干密度与最佳含水率

【任务描述】

某道路工程项目中，路基为土方路基，现正在施工，要求通过标准击实试验，测定路基土的含水率与干密度之间的关系，绘制它们的关系曲线，确定最佳含水率和最大干密度。

【学习支持】

1. 试验检验依据：《公路土工试验规程》JTG E40—2007

质量控制依据：《公路工程质量检验评定标准》JTG F80/1—2004

2. 基本概念

干密度：土的孔隙中完全没有水时的密度，称为干密度，即：固体颗粒的质量与土的总体积之比值。

含水率：含水率是土的孔隙中所含水的重量与干燥土重量的比值。

最大干密度：在击数一定时，当含水率较低时，击实后的干密度随着含水率的增加而增大；而当含水率达到某一值时，干密度达到最大值，此时含水率如果继续增加，干密度反而减小，这时干密度的最大值称为最大干密度，与它对应的含水率称为最佳含水率。

3. 试验检测适用范围

本方法适用于土方回填或填筑工程质量控制时，或者土方工程质量评价时，测定土的干密度与含水率关系，确定最大干密度和相应最佳含水率。

【任务实施】

1. 仪具与材料技术要求

(1) 标准击实仪：其相应设备如图 1-1、图 1-2 所示，参数符合表 1-1的要求。

(2) 烘箱及干燥器。

(3) 天平、台秤。

(4) 圆孔筛。

(5) 拌合工具以及其他工具。

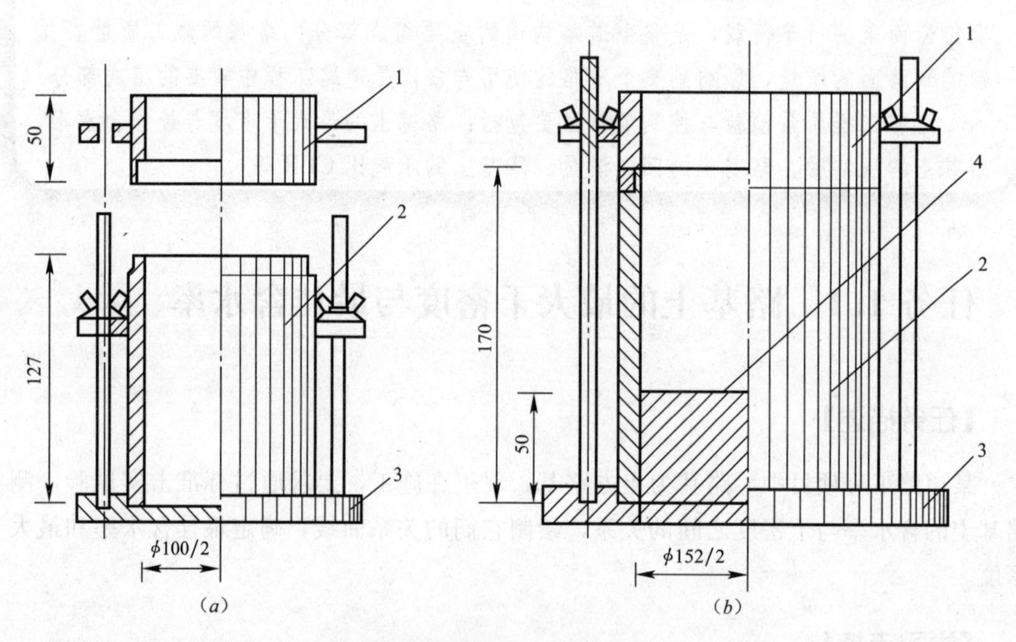

图 1-1 击实筒（单位：mm）

(a) 小击实筒；(b) 大击实筒

1—套筒；2—击实筒；3—底板；4—垫板

2. 试样准备

(1) 干土法（土重复使用)：将具有代表性的风干的或者烘干（50℃温度下）的土样放在橡皮板上，用圆木棍碾散，然后过不同孔径的筛（视粒径大小而定)。对于小试筒，按四分法取筛下的土约 3kg；对于大试筒，同样按四分法取样约 6.5kg。估计土样含水率，并铺于盘上面，用喷壶均匀的洒水，并充分拌匀，并闷料一晚备用，使用时，土样是反复使用的，但是在每次做试样时，含水量在变化。

(2) 干土法（土不重复使用)：将具有代表性的土样风干或者烘干（50℃温度下)，

并将土块及附于粗颗粒上的细颗粒碾散。碾散时，应避免将天然颗粒碾破。然后将全部土样过筛，按粒组分别堆放备用。按四分法至少准备5个试样，分别加入不同水（按2%～3%含水率递增），拌匀后闷料一夜备用。

（3）湿土法（土不重复使用）：对于高含水率土，可省略过筛步骤，用手拣除大于40mm的粗石子即可，保持天然含水率的第一个土样，可立即用于击实试验，其余几个试样，将土分成小土块，分别风干，使含水率按2%～3%递减。

3. 试验步骤

（1）根据工程相关要求，按表1-1、表1-2的规定选择轻型或重型试验方法，并确定试料用量。

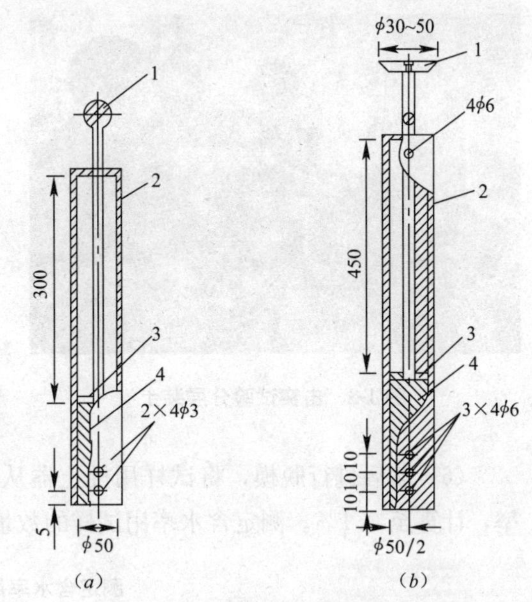

图1-2　击锤和导杆（单位：mm）

（a）2.5kg击锤；（b）4.5kg击锤

1—提手；2—导筒；3—硬橡皮垫；4—击锤

击实试验方法种类　　**表1-1**

试验方法	类别	锤底直径（cm）	锤质量（kg）	落高（cm）	试筒尺寸			层数	每层击数	击实功（kJ/m³）	最大粒径（mm）
					内径（cm）	高（cm）	容积（cm³）				
轻型	Ⅰ-1	5	2.5	30	10.0	12.7	997	3	27	598.2	20
	Ⅰ-2	5	2.5	30	15.2	17.0	2177	3	59	598.2	40
重型	Ⅱ-1	5	4.5	45	10.0	12.7	997	5	27	2687.0	20
	Ⅱ-2	5	4.5	45	15.2	17.0	2177	3	98	2677.2	40

击实试验试料用量　　**表1-2**

使用方法	试筒内径（cm）	最大粒径（mm）	试料用量（kg）
干土法试样不重复使用	10.0	20	至少5个试样每个3.0
	15.2	40	至少5个试样每个6.0
湿土法试样不重复使用	10.0	20	至少5个试样每个3.0
	15.2	40	至少5个试样每个6.0

（2）将击实筒组装好后放在坚硬的地面上，安装调整好，拧紧全部螺帽，在击实筒内壁及底板涂一薄层润滑油，并在筒底（小试筒）或垫块（大试筒）上放置蜡纸或塑料薄膜。

（3）取制备好的试样，拌合均匀分层装入，每层装土量：小筒按3层法时，每层土量800～900g；按5层法时，每层装土量为400～500g；对于大试筒，先将垫块放入筒内底板上，分3层装入，每层装土量为1700g左右，如图1-3所示。

（4）按规定的次数进行击实，击实时击锤应自由垂直落下，锤迹必须均匀分布于土

图 1-3 击实试验分层装土

样面，击实完一层后将试样层面进行拉毛处理，然后再装入套筒进行下一层击实，重复上述步骤直至完成击实工作。注意最后一次击实土样顶面应满足以下条件：小试筒不应高于筒顶面 5mm，大试筒不应高于筒顶面 6mm。

（5）用修土刀沿套筒内壁削刮，使试样与套筒脱离后，扭动并取下套筒，齐筒顶细心削平试样，拆除底板，擦净筒外壁，称重，准确至 1g。

（6）然后进行脱模，将试样用推土器从击实筒内推出，从试样中心处取样测其含水率，计算至 0.1%。测定含水率用试样的数量见表 1-3，含水率允许偏差见表 1-4。

测定含水率用试样的数量 **表 1-3**

最大粒径（mm）	试样质量（g）	个数
<5	15～20	2
约 5	约 50	1
约 20	约 250	1
约 40	约 500	1

含水率测定的允许平行差值 **表 1-4**

含水率（%）	允许平行差值（%）	含水率（%）	允许平行差值（%）	含水率（%）	允许平行差值（%）
5 以下	0.3	40 以下	≤1	40 以上	≤2

（7）对于干土法（土不重复使用）和湿土法（土不重复使用），将试样搓散，然后按前文的方法进行洒水、拌合，每次约增加 2%～3%的含水率，其中有 2 个大于、2 个小于最佳含水率，所需加水量按式（1-1）计算：

$$m_w = \frac{m_i}{1 + 0.01\omega_i} \times 0.01(\omega - \omega_i) \quad (1\text{-}1)$$

（8）重复以上试验步骤，直到完成所有土样击实。

（9）结果整理

湿密度 ρ 计算方法：

$$\rho = \frac{m_1 - m_2}{v} \quad (1\text{-}2)$$

式中 m_1——击实筒带土样的质量（g）；

m_2——击实筒的质量（g）；

v——击实筒体积（cm^3）。

干密度 ρ_d 的计算方法：

$$\rho_d = \frac{\rho}{1 + 0.01\omega} \quad (1\text{-}3)$$

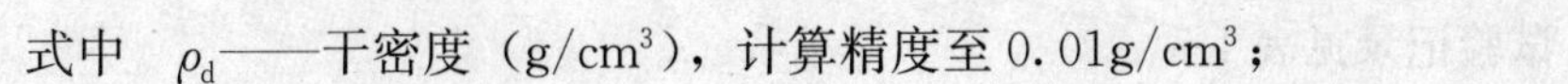

式中　ρ_d——干密度（g/cm³），计算精度至0.01g/cm³；

ρ——湿密度（g/cm³）；

ω——含水率（%）。

以干密度为纵坐标、含水率为横坐标，绘制干密度与含水率关系曲线，如图1-4所示，曲线的峰值为最大干密度 $\rho_{dmax}=1.69g/cm^3$，与其对应的含水率为最佳含水率19.5%。

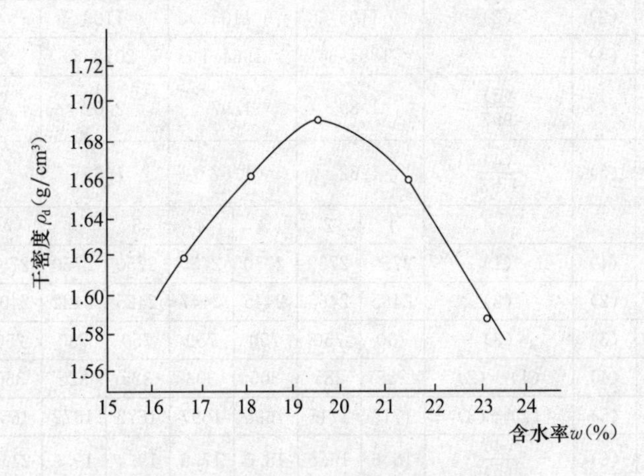

图1-4　干密度 ρ_d-含水率 ω 关系曲线

【知识链接】

当粒径大于40mm颗粒的含量小于30%时，应对最大干密度和最佳含水率进行校正，见式（1-4）、式（1-5）。

最大干密度校正计算方法

$$\rho'_{dmax}=\frac{1}{\frac{1-0.01P}{\rho_{dmax}}+\frac{0.01P}{G'_s\rho_W}} \tag{1-4}$$

式中　ρ'_{dmax}——校正后的最大干密度（g/cm³）；

ρ_{dmax}——击实的最大干密度（g/cm³）；

ρ_W——水的密度（g/cm³）；

P——粒径大于40mm颗粒的百分率（%）；

G'_s——粒径大于40mm颗粒的毛体积相对密度。

最佳含水率校正计算方法

$$\omega'_0=(1-0.01P)\omega_0+0.01P\omega_2 \tag{1-5}$$

式中　ω'_0——校正后的最佳含水率（%）；

ω_0——用粒径小于40mm的土样试验所得的最佳含水率（%）；

ω_2——粒径大于40mm颗粒的吸水量（%）。

【工程检验控制实例】

某道路工程项目中，路基土样为粗粒土风化料，现用击实试验测出该土样的最大干密度和最佳含水率，试验记录见表 1-5。

击实试验记录表　　表 1-5

每层击数 27　　起始含水量 16.5%
容器体积 997cm³　　土样说明 粗粒土风化料　　制样方法 干土法

	试验次数			1		2		3		4		5	
干密度	筒加土质量（g）	(1)	(1)	2987.3		3067.1		3116.3		3107.0		3047.2	
	筒的质量（g）	(2)	(2)	1103		1103		1103		1103		1103	
	湿土质量（g）	(3)		1884.3		1964.1		2013.3		2004.0		1944.2	
	湿密度（g/cm³）	(4)	$\frac{(3)}{997}$	1.89		1.97		2.02		2.01		1.95	
	干密度（g/cm³）	(5)	$\frac{(4)}{1+\omega}$	1.62		1.67		1.69		1.66		1.59	
含水率	盘号			1	2	3	4	5	6	7	8	9	10
	盘加湿土质量（g）	(1)	(1)	2750	2750	2750	2750	2750	2750	2750	2750	2750	2750
	盘加干土质量（g）	(2)	(2)	2465	2465	2445	2447	2425	2422	2400	2399	2376	2376
	盘质量（g）	(3)	(3)	750	750	750	750	750	750	750	750	750	750
	水的质量（g）	(4)	(1)－(2)	285	285	305	303	325	325	350	351	374	374
	干土质量（g）	(5)	(2)－(3)	1715	1715	1695	1697	1675	1672	1650	1649	1626	1626
	含水率（%）	(6)	$\frac{(4)}{(5)}$	16.6	16.6	18.0	17.9	19.4	19.6	21.2	21.3	23.0	23.0
	平均含水率（%）	—	—	16.6		18.0		19.5		21.3		23.0	
	最佳含水率＝19.6%						最大干密度＝1.70g/cm³						

检测负责人：____　检测：____　记录：____　复核：____　　____年__月__日

任务 1.2　路基土的压实度

【任务描述】

某道路工程项目中，路基为土方路基填方，根据设计文件以及《公路路基施工技术规范》JTG F10—2006 的规定进行施工，现要求在施工过程中，测定路基土的压实度，控制路基的压实质量。

【学习支持】

1. 试验检验依据：《公路土工试验规程》JTG E40—2007

《公路路基路面现场测试规程》JTG E60—2008

质量控制依据：《公路工程质量检验评定标准》JTG F80/1—2004

2. 基本概念

压实是把一定体积的路基土基层材料或路面沥青混凝土压缩到更小体积的过程。在此过程中，使颗粒相互挤压到一起，减少孔隙，由此提高材料密度。高标准压实是保证路基、路面应有强度和稳定性的一项最经济有效的技术措施，压实度是填土工程的质量控制的重要指标，只有对路基、路面结构层进行充分压实，才能保证路基、路面的强度、刚度及路面的平整度，并可以保证及延长路基、路面工程的使用寿命。压实度的计算见式（1-6）。

$$压实度 = \frac{干密度}{最大干密度} \tag{1-6}$$

3. 检验压实度的方法

检测压实度的时候，材料的最大干密度可用实验室击实试验测得的最大干密度，现场密度则需现场测试。现场检测密度的方法有多种，常见的有灌砂法、环刀法、核子密度仪法。

【任务实施】

灌砂法

灌砂法是利用均匀颗粒的砂去置换试洞的体积，很多工程都把灌砂法列为现场测定密度的主要方法，它也是现场测试密度的标准方法。

灌砂法可用于测试各种土或路面材料的密度，它的缺点是：需要携带较多量的砂，而且称量次数较多，因此它的测试速度较慢。适用于在现场测定细粒土、砂类土和砾类土的密度，试样的最大粒径一般不得超过15mm，测定密度层的厚度为150～200mm。

采用此方法时，应符合下列规定：

① 在测定细粒土的密度时，可采用ϕ100的小型灌砂筒测试。

② 如最大粒径超过15mm，则应相应的增大灌砂筒和标定罐的尺寸，例如，粒径达40～60mm的粗粒土，灌砂筒和现场试洞的直径为150～200mm。

1. 仪具与材料

（1）灌砂筒：有大小两种，根据需要采用。储砂筒筒底中心有一个圆孔，下部装一倒置的圆锥形漏斗，漏斗上端开口，直径与储砂筒的圆孔相同，漏斗焊接在一块铁板上，铁板中心有一圆孔与漏斗上开口相接，储砂筒筒底与漏斗之间没有开关。开关铁板上也有一个相同直径的圆孔，如图1-5（*a*）所示。开关向左移动时，灌砂筒内砂子可以通过圆孔自由落下。开关向右移动时，开关将筒底圆孔堵塞，砂停止下落。

（2）金属标定罐：用薄铁板制作的金属罐，上端周围有一罐缘，如图1-5（*b*）所示。

（3）基板：用薄铁板制作的金属方盘，盘的中心有一圆孔。

（4）玻璃板：边长约500mm的方形板。

（5）试样盘：小筒挖出的试样可用铝盒存放，大筒挖出的试样可用300mm×500mm×400mm的搪瓷盘存放。

（6）台称：称量10～15kg，感量5g。

（7）含水率测定器具：铝盒、烘箱、天平等。

（8）量砂：粒径0.25～0.50mm清洁干燥的均匀砂，约20～40kg，使用前须洗净、烘干，并放置足够长的时间，使其与空气的湿度达到平衡。

（9）盛砂的容器：塑料桶等。

（10）其他：凿子、铁锤、长把勺、小簸箕、毛刷等。

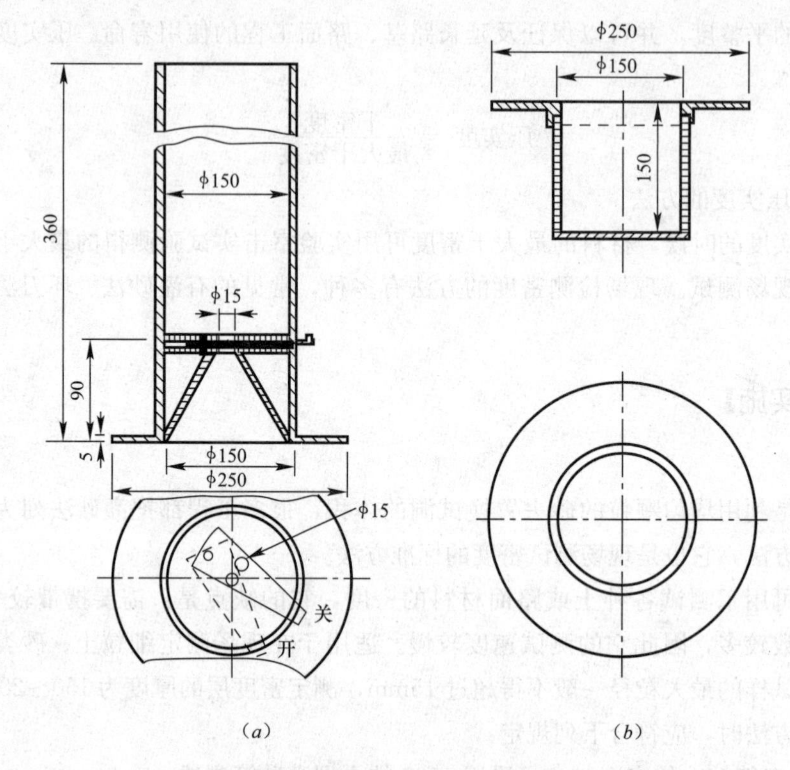

图 1-5 灌砂筒和标定罐（单位：mm）

(a) 灌砂筒；(b) 标定罐

2. 试验方法与步骤

（1）标定筒下部圆锥体内砂的质量

① 在灌砂筒内装满砂，筒内砂的高度与筒顶的距离不超过 15mm。称取装入筒内砂的质量 m_1，准确至 1g。以后每次标定及试验都应该保持该质量不变。

② 将开关打开，让砂自由流出，并使流出砂的体积与工地所挖试坑内的体积相当（或等于标定罐的容积），然后关上开关，称灌砂筒内剩余砂质量，准确至 1g。

③ 不晃动储砂筒的砂，轻轻地将灌砂筒移至玻璃板上，将开关打开，让砂流出，直到筒内砂不再下流时，将开关关上，并小心地取走灌砂筒。

④ 收集并称量留在板上的砂或称量筒内的砂，准确至 1g。玻璃板上的砂就是填满灌砂筒下部圆锥体的砂。

⑤ 重复上述测量三次，取其平均值 m_2，准确至 1g。

（2）标定量砂的密度

① 用水确定标定罐的容积 V，准确至 1mL：将空罐放在台秤上，使罐的上口处于水平位置，读记罐质量，准确至 1g；向标定罐中灌水，注意不要将水洒到台秤或罐的外壁；将一直尺放在罐顶，当罐中水面快要接近直尺时，用滴管往罐中加水，直到水面接触直尺；移去直尺，读记罐和水的总质量，用此质量减去之前空罐的质量得到水的质量，除以水的密度得到标定罐的体积 V。

② 在储砂筒中装入质量为 m_1 的砂，并将灌砂筒放在标定罐上，将开关打开，让砂流出，在整个流砂过程中，不要碰动灌砂筒，直到砂不再下流时，将开关关闭，取下灌砂

筒，称取筒内剩余砂的质量，准确至1g。

③ 计算填满标定罐所需砂的质量。

④ 重复上述测量三次，取其平均值m_3。

⑤ 计算量砂的密度ρ_s，见式（1-7）。

$$\rho_s = \frac{m_1 - m_2 - m_3}{V} \tag{1-7}$$

式中 ρ_s——砂的密度（g/cm³），计算至0.01；

m_1——灌砂入试坑前筒内砂的质量（g）；

m_2——灌砂筒下部圆锥体内砂的平均质量（g）；

m_3——灌砂入标定罐后，灌砂筒内剩余砂的质量（g）。

（3）试验步骤

① 在试验地点，选一块约40cm×40cm的平坦表面，并将其清扫干净，其面积不得小于基板面积。

② 将基板放在平坦表面上。当表面的粗糙度较大时，则将盛有量砂的灌砂筒（m_5）放在基板中间的圆孔上，将灌砂筒的开关打开，让砂流入基板的中孔内，直到储砂筒内的砂不再下流时关闭开关。取下灌砂筒，并称量筒内砂的质量m_6准确至1g。当需要检测厚度时，应先测量厚度后再进行这一步骤。

③ 取走基板，并将留在试验地点的量砂收回，重新将表面清扫干净。

④ 将基板放回清扫干净的表面上（尽量放在原处），沿基板中孔凿洞（洞的直径与灌砂筒一致）。在凿洞过程中，应注意勿使凿出的材料丢失，并随时将凿出的材料取出装入塑料袋中，不使水分蒸发，也可放在大试样盒内，如图1-6所示。试洞的深度应等于测定层厚度，但不得有下层材料混入，并随时将洞内凿的松材料取出。凿洞完，称量取出的全部材料，准确至1g，为试样的总质量为m_t。

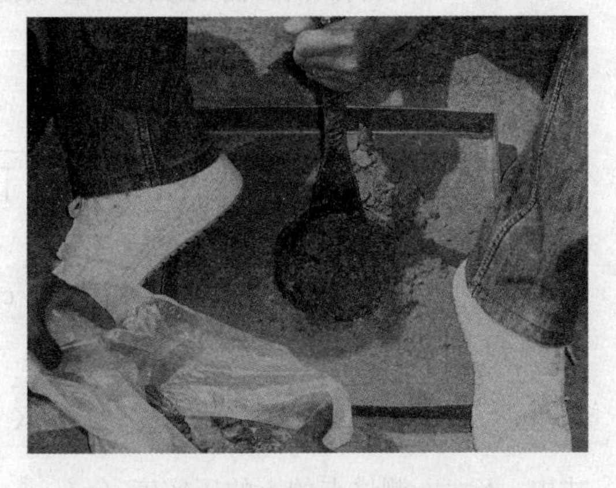

图1-6 灌砂法沿基板中心凿洞示意图

⑤ 从挖出的全部材料中取出有代表性的土样进行含水率测试，放在铝盒或洁净的搪瓷盘中，测定其含水率ω（以%计）。样品的数量如下：对于细粒土，不少于100g；对于粗粒土，不少于500g。

⑥ 将基板安放在试洞上，将灌砂筒安放在基板中间（储砂筒内放满砂质量m_1），使灌砂筒的下口对准基板的中孔及试洞，打开灌砂筒的开关，让砂流入试洞内，在此期间，应注意勿碰动灌砂筒，直到储砂筒内的砂不再下流时，关闭开关。小心取走灌砂筒，并称量筒内剩余砂的质量m_4，准确到1g。

⑦ 如清扫干净的平坦表面的粗糙度不大，也可省去上述②和③的操作。试洞挖好后，将灌砂筒直接对准放在试洞上，中间不需要放基板，打开灌砂筒的开关，让砂流入试洞内。在此期间，应注意勿碰动灌砂筒。直到储砂筒内的砂不再下流时，关闭开关，小心

取走灌砂筒，并称量剩余砂的质量 m_4，准确至 1g。

⑧取出试洞内的量砂，以备下次试验时使用，若量砂的湿度已发生变化或量砂中混有杂质，则应该重新烘干、过筛，并放置一段时间，使其与空气的温度达到平衡后再用。

3. 结果整理

（1）计算填满试洞所需砂的质量 m_b

灌砂时试洞上放有基板的情况（要考虑粗糙面耗砂质量）：

$$m_b = m_1 - m_4 - (m_5 - m_6) \tag{1-8}$$

灌砂时试洞上不放基板的情况（测点表面光滑）：

$$m_b = m_1 - m_4 - m_2 \tag{1-9}$$

式中 m_1——灌砂入试洞前灌砂筒内砂的质量（g）；

m_2——灌砂筒下部圆锥体内砂的平均质量（g）；

m_4——灌砂入试洞后，灌砂筒内剩余砂的质量（g）；

m_5-m_6——灌砂筒下部圆锥体内的基板和粗糙表面间砂的总质量（g）。

（2）计算试验地点土的湿密度 ρ（g/cm³）

$$\rho = \frac{m_t}{m_b}\rho_s \tag{1-10}$$

式中 m_t——试洞中取出的全部土样的质量（g）；

m_b——填满试洞所需要砂的质量（g）；

ρ_s——量砂的密度（g/cm³）。

（3）计算土的干密度 ρ_d（g/cm³）

$$\rho_d = \frac{\rho}{1 + 0.01\omega} \tag{1-11}$$

式中 ρ——土的湿密度（g/cm³）；

ω——试坑中取出土样的含水率（g/cm³）。

（4）计算压实度

$$K = \frac{\rho_d}{\rho_c} \tag{1-12}$$

式中 K——测试点的土的压实度（g/cm³）；

ρ_d——土的干密度（g/cm³）；

ρ_c——由击实试验得到的土的最大干密度（g/cm³）。

【提示】

灌砂法是施工过程中最常用的试验方法之一。此方法表面上看起来较为简单，但实际操作时常常不好掌握，并会引起较大误差；又因为它是测定压实度的依据，故经常是质量检测监督部门与施工单位之间发生矛盾或纠纷的环节，因此应严格遵循试验的每个细节，以提高试验精度。为使试验做得准确，应注意以下几个环节：

（1）量砂要规则。量砂如果重复使用，一定要注意晾干，处理一致，否则影响量砂的松方密度。

（2）每换一次量砂，都必须测定松方密度，漏斗中砂的数量也应该每次重测。因此宜事先准备较多数量量砂。切勿到试验时临时找砂，又不做试验，而使用以前的数据。

（3）地表面处理要平整，只要表面凸出一点（即使 1mm），使整个表面高出一薄层，其体积也算到试坑中，会影响试验结果。因此此方法一般宜采用放上基板先测定一次粗糙表面消耗的量砂，只有在非常光滑的情况下方可省去此操作步骤。

（4）在挖坑时试坑周壁应笔直，避免出现上大下小或上小下大的情形，这样就会使检测密度偏大或偏小。

（5）灌砂时检测厚度应为整个碾压层厚，不能只取上部或者取到下一个碾压层中。

【工程检验控制实例】

某路段底基层为级配碎石底基层，正在施工，现在要求用灌砂法检测压实度，表 1-6 为灌砂法测压实度的试验记录表。

灌砂法试验记录表　　　　**表 1-6**

工程名称：____工程			结构层：级配碎石底基层			
最大干密度 ρ_c：2.30g/cm³			量砂标定的堆积密度 ρ_s：1.45g/cm³			
取样地点（桩号）			右 K1＋200	K2＋160	K3＋280	K3＋420
灌入试坑前灌砂筒内砂的质量	g	m_1	6500	6500	6500	6500
灌砂筒下部圆锥体砂的质量	g	m_2	770	770	770	770
灌砂入试坑后灌砂筒内剩余砂质量	g	m_4	3146	2879	2657	2745
灌砂筒下部圆锥体及基板和地面粗糙表面间砂的质量	g	m_5-m_6	—	—	—	—
填满试坑需要的砂的质量	g	$m_b=m_1-m_4-m_2$	2584	2851	3073	2985
试坑中湿土质量	g	m_t	4210	4665	5005	4835
土的湿密度	g/cm³	ρ	2.36	2.37	2.36	2.35
土的含水率	%	ω	4.0	4.1	4.2	4.3
土的干密度	%	ρ_d	2.27	2.28	2.26	2.25
土的压实度	g/cm³	K	98.7	99.1	98.3	97.8

检测负责人：____　检测：____　记录：____　复核：____　　____年__月__日

【任务实施】

环刀法

环刀法是有一定破坏性的检验方法，其优点是设备简单，使用方便，适合测定不含骨料的细粒土密度。

1. 仪具与材料

（1）环刀：内径 6～8cm，高度 2～5.4cm，壁厚 1.5～2.2mm，如图 1-7 所示。

（2）天平：感量 0.1g。

（3）其他：修土刀、钢丝锯、凡士林等。

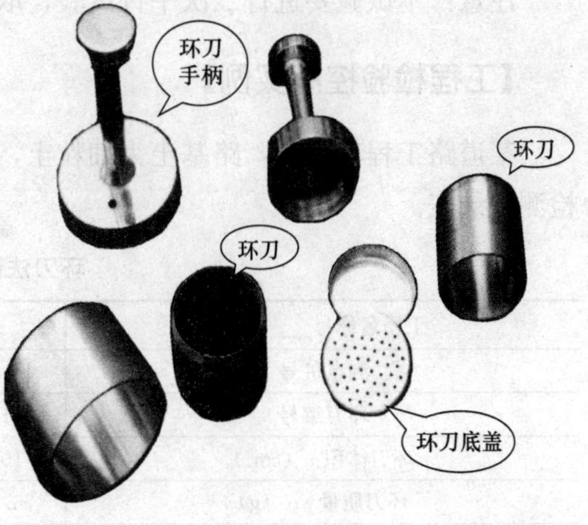

图 1-7　环刀

图 1-8　取土样

2. 测试步骤

（1）测定环刀的质量及体积：用游标卡尺测量环刀的内径及高度，计算得到环刀的体积；然后，将环刀置于天平上称得环刀质量 m_1。

（2）切取土样：在环刀内壁涂凡士林，刃口向下放在土样上，将环刀垂直下压，并用修土刀沿环刀外侧切削土样，边压边削至土样高出环刀，根据试样的软硬采用钢丝锯或修土刀整平环刀两端土样，如图 1-8 所示。

（3）测定环刀和土样的质量：擦净环刀外壁，称环刀和土的总质量 m_2。

（4）测土样含水率：从余土中取代表性试样测定含水率 ω。

3. 结果整理

（1）试样的密度按下式计算：

$$\rho = \frac{m_2 - m_1}{v} \tag{1-13}$$

式中　ρ——试样的湿密度（g/cm³），准确到 0.01g/cm³；

m_2——环刀与土合质量（g）；

m_1——环刀质量（g）；

v——环刀体积（cm³）。

（2）试样的干密度 ρ_d 按下式计算：

$$\rho_d = \frac{\rho}{1 + 0.01\omega} \tag{1-14}$$

式中　ρ_d——试样的湿密度（g/cm³），准确到 0.01g/cm³；

ω——含水率（%）。

注意：本试验要进行二次平行试验，取算术平均值，平行差值不能大于 0.03g/cm³。

【工程检验控制实例】

某道路工程项目中，路基土为细粒土，现已施工完毕，表 1-7 为环刀法检测压实度的检测记录表。

环刀法试验记录表　　　　**表 1-7**

工程名称：____工程	结构层：土基			最大干密度：1.80g/cm³	
测点桩号	K1+175 右 1.57		K2+088 左 3.50		K3+305 右 2.77	
环刀编号	1	2	3	4	5	6
环刀体积 v（cm³）	100	100	100	100	100	100
环刀质量 m_1（g）	76.20	78.00	77.05	76.20	76.50	77.40
环刀与土总质量 m_2（g）	273.40	278.00	271.39	271.52	274.70	273.80

续表

工程名称：___工程	结构层：土基			最大干密度：1.80g/cm³		
测点桩号	K1+175 右 1.57		K2+088 左 3.50		K3+305 右 2.77	
环刀编号	1	2	3	4	5	6
土样质量 m_2-m_1（g）	197.20	200.0	194.34	195.32	198.20	196.4
湿密度 ρ_d（g/cm³）	1.97	2.00	1.94	1.95	1.98	1.96
含水率 ω（%）	13.6	14.0	13.5	13.8	13.4	13.8
干密度 ρ_d（g/cm³）	1.73	1.75	1.71	1.71	1.73	1.73
平均干密度 $\overline{\rho}_d$（g/cm³）	1.74		1.71		1.73	
压实度 K（%）	96.7		95.0		96.1	

检测负责人：___ 检测：___ 记录：___ 复核：___ ___年__月__日

【知识链接】

核子密湿度仪法

该方法为非破坏性的检验方法，具有现场快速测定，操作方便，现实直观的特点。

1. 适用范围

适用于现场快速测定路基路面材料的密度和含水量，结果不得用作仲裁或验收的依据。

2. 仪器设备

（1）核子密湿度仪：符合国家规定的关于职业健康安全的标准，密度的测定范围为1.12～2.73g/cm³，测定误差不大于±0.03g/cm³。仪器及现场测试如图1-9、图1-10所示。

图1-9 核子密度仪

图1-10 核子密度仪现场测试

（2）细砂：0.15～0.3mm。

（3）天平或台秤。

（4）其他：毛刷等。

3. 方法与步骤

（1）准备工作

1）每天使用前用标准计数块测定仪器的标准值。

① 进行标准测定时的地点至少离开其他放射源 10m 的距离，地面必须经过压实且平整。

② 接通电源，按要求预热测定仪。

③ 测定前检查仪器性能是否正常。

2）在进行沥青混合料压实层密度测定前，应用核子密湿度仪与钻孔取样的试件进行标定；测定其他材料密度时，宜与挖坑灌砂法的结果进行标定。

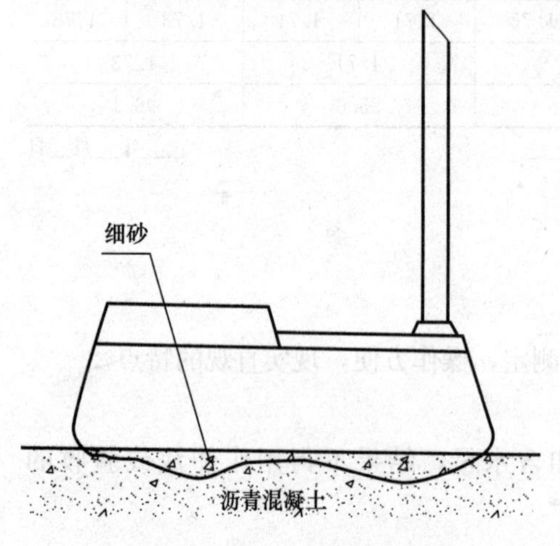

图 1-11　细砂填平测试位置

3）测试位置的选择

① 按照随机取样的方法确定测试位置，但距路面边缘或其他物体的最小距离不小于 30cm。核子密湿度仪距其他的射线源不得少于 10m。

② 当用散射法测定时，应按图 1-11 的方法用细砂填平测试位置路表结构凸凹不平的空隙，使路表面平整，能与仪器紧密接触。

③ 当使用直接透射法测定时，应在路表上用钻杆打孔，孔略必须大于探测杆达到的测试深度，孔应竖直圆滑并稍大于射线源探头。

④ 按照规定的时间，预热仪器。

（2）测定步骤

1）用散射法测定时，应按图 1-12 的方法将核子仪平稳地置于测试位置上。

2）采用直接透射法测定时，应按图 1-13 的方法将放射源棒插入已预先打好的孔内。

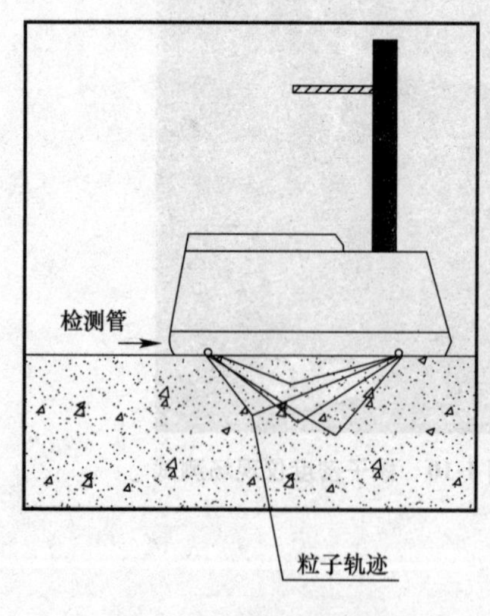

图 1-12　用散射法测定

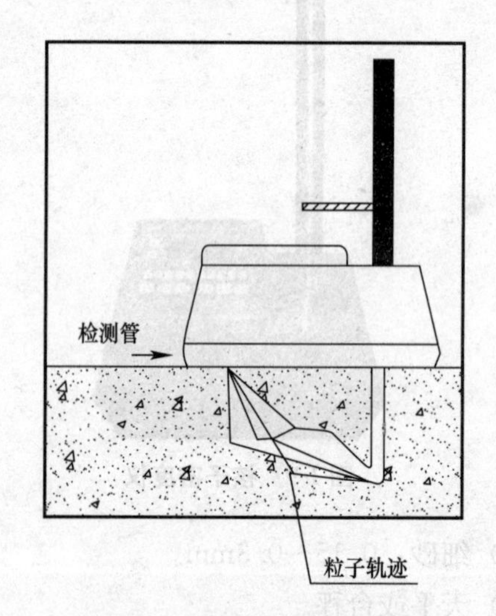

图 1-13　用直接投射法测定

3）打开仪器，试验员退至仪器 2m 以外，按照选定的测定时间进行测量，到达测定时间后，读取显示的各项数值，并迅速关机，如图 1-10 所示。

各种型号的仪器在具体操作步骤上略有不同，可按仪器使用说明书进行试验。

【工程检验控制实例】

某道路工程路基正在施工，表 1-8 为用核子密湿度仪法检测密度的记录表。

核子密湿度仪测压实度试验记录表　　　　表 1-8

工程名称：___工程		结构名称：土基		最大干密度：2.16g/cm³	
测点编号	测点桩号	湿密度 ρ（g/cm³）	含水率 ω（%）	干密度 ρ_d（g/cm³）	压实度 K（%）
1	K6+200	2.24	9.0	2.05	95.0
2	K6+320	2.23	8.2	2.06	95.6
3	K6+580	2.23	8.5	2.06	95.3
4	K6+880	2.24	8.3	2.07	95.9

检测负责人：____　检测：____　记录：____　复核：____　　____年__月__日

【任务实施】

土方路基压实度的控制方法

（1）路基填料选择

路基填料采用能被压实到规定密实度，能形成稳定的填方路基材料，不能使用沼泽土、淤泥、冻土、有机土、泥炭、液限过大等不符合要求的土。同时土中不应含有草皮、树根等易腐朽物质，受条件限制采用黄土、膨胀土作填料时，必须经过处理满足规范要求时方可使用。

（2）填土材料的填前试验

用于填筑的路基土施工前一定要完成下列试验：①液限、塑限、塑性指数、天然稠度和液性指数；②颗粒大小分析试验；③含水量试验；④密度试验；⑤相对密度试验；⑥土的击实试验；⑦土的强度试验（CBR 值）。根据这些数据从理论上能够判定出土的种类，判断出不合格的土质。通过土的重型击实试验，绘出填方用土的干密度与含水率关系曲线，以便确定各类型土的最大密度和达到最大干密度的最佳含水率。

（3）试验段控制

试验的目的是确定正确的压实方法，确保土方工程达到规定的密度。其内容有：压实设备选择、压实工序、压实遍数、压路机的行走速度，以及确定填料的有效厚度。在施工现场选择不低于 200m 的路线作为试验段。压实试验中，应详细记录各种已定填筑材料的压实工序、压实设备类型，各种填筑材料的含水率界线、松方厚度和压实遍数、测量高程变化等参数，压实试验必须按规定达到密实度的要求方可停止。

（4）含水率的控制

施工中首先做好路基排水工程以及施工场地的临时排水设施。

路堑施工土方含水率控制重点是人工降低地下水位，可开挖纵、横向渗水沟。含水区路堑碾压不宜使用振动压路机振压，必要时采用无机结合料稳定以防止地下水位上升；土场内外挖纵、横渗水沟或采用无砂管降水，使土方含水率降低。

（5）路基碾压

一般第一遍用振动压路机静压进行稳压，然后再振动压实。对于直线段和大半径曲线段，应先压边缘，后压中间。小半径曲线段因有较大的超高，碾压顺序应先低（内侧）后高（外侧）。压路机碾压轮重叠轮宽的1/3～1/2。另外，压路机的行驶速度过慢影响生产率，过快则对土的接触时间过短，压实效果差，所以要控制压路机械的最大速度。

(6) 压实工具及压实层厚度控制

不同的压实工具，其压力传播的有效深度也不同。压实过程中，压路机速度的快慢对压实效果也有影响，当对压实度要求较高，以及铺土层较厚时，行驶速度要慢一些。碾压开始宜用慢速，随着土层的逐渐密实，速度逐步提高。开始时土体较松，强度低，适宜先轻压，随着土体密度的增加，再逐步提高碾压强度。当推运摊铺土料时候，应使机械车辆均匀分布行驶在整个路堤宽度内，以便填土得到均匀预压。

(7) 平整度控制

规范中路基土分层填筑时未对平整度作规定，但是根据施工经验，压路机在平整的路面上行驶时，对每一处的压实功能都是相等的，碾压完成后各点的压实度比较均匀，统计曲线离散程度小。平整度差的路基在碾压时，压路机对路基土产生向下的冲击力，由于力的分布不匀，碾压完毕后各点得到的压实功各不相同，压实度也不均匀，可能出现某一段落、某一区域的压实度达不到要求。因此控制好平整度才能使碾压达到好的效果。

【工程检验控制实例】

【例 1-1】 表1-9是某土方路基的实测项目表，请根据要求进行质量评定。

路基实测表　　表 1-9

项次	检查项目	规定值或允许偏差	测点数	合格率	权值
1Δ	压实度（%）	≥96	30	100	3
2Δ	弯沉（0.01mm）	不大于设计要求值	15	95	3
3	纵断高程（mm）	+10，-15	20	85	2
4	中线偏位（mm）	50	20	95	2
5	宽度（mm）	符合设计要求	20	90	2
6	平整度（mm）	15	25	100	2
7	横坡（%）	±0.3	15	90	1
8	边坡	符合设计要求	20	92	1

注：标注“Δ”的项目为关键项目，即涉及结构安全和使用功能的重要实训项目。

【解】 根据分项工程的评定方法：

$$分项工程得分=\frac{100\times3+95\times3+85\times2+95\times2+90\times2+100\times2+90\times1+92\times1}{3+3+2+2+2+2+1+1}=94.2$$

如果该分项工程没有外观缺陷以及资料不齐减分，则该分项工程最后评分为94.2分，根据分项工程得分的评定原则，不小于75分为合格，可评定该分项工程质量为合格。

【例 1-2】 在某高速公路工程项目中，土方路基施工完毕，现要求对该部位分项工程质量进行评定，见表1-10（注：标注“Δ”的项目为关键项目，即涉及结构安全和使用功能的重要实测项目）。

某土方路基分项工程质量评定表 表1-10

<table>
<tr><td>基本要求</td><td colspan="9">1. 在路基用地和取土坑范围内，应清除地表植被、杂物、积水、淤泥和表土，处理坑塘，并按规定和设计要求对基底进行压实；2. 路基填料应符合规范和设计的规定，经认真调查、试验后合理选用；3. 填方路基须分层填筑压实，每层表面平整，路拱合适，排水良好；4. 施工临时排水系统应与设计排水系统结合，避免冲刷边坡，勿使路基附近积水；5. 在设定取土区内合理取土，不得滥开滥挖。完工后应按要求对取土坑和弃土场进行修整，保持合理的几何外形</td></tr>
<tr><td>项次</td><td colspan="3">检查项目</td><td>规定值或允许偏差</td><td>检查方法和频率</td><td>权值</td><td>检查实测值</td><td>合格率</td><td>得分</td></tr>
<tr><td rowspan="5">1Δ</td><td rowspan="5">压实度（%）</td><td rowspan="2">零填及挖方（m）</td><td>0～0.30</td><td>—</td><td rowspan="5">按《公路工程质量检验评定标准》JTG F80/1—2004附录B检查
密度法：每200m每压实层测4处</td><td rowspan="5">3</td><td>98 98 99 97 98</td><td>100%</td><td>100</td></tr>
<tr><td>0.30～0.80</td><td>≥96</td><td>—</td><td>—</td><td>—</td></tr>
<tr><td rowspan="3">填方（m）</td><td>0～0.80</td><td>≥96</td><td>—</td><td>—</td><td>—</td></tr>
<tr><td>0.80～1.50</td><td>≥94</td><td>—</td><td>—</td><td>—</td></tr>
<tr><td>>1.50</td><td>≥93</td><td>—</td><td>—</td><td>—</td></tr>
<tr><td>2Δ</td><td colspan="3">弯沉（0.01mm）</td><td>不大于设计值</td><td>按《公路工程质量检验评定标准》JTG F80/1—2004附录B检查</td><td>3</td><td>见记录</td><td>100%</td><td>100</td></tr>
<tr><td>3</td><td colspan="3">纵断高程（mm）</td><td>+10，-15</td><td>水准仪：每200m测4个断面</td><td>2</td><td>2 5 3 4 9</td><td>100%</td><td>100</td></tr>
<tr><td>4</td><td colspan="3">中线偏位（mm）</td><td>50</td><td>经纬仪：每200m测4点，弯道加HY、YH两点</td><td>2</td><td>15 25 20 23 19</td><td>100%</td><td>100</td></tr>
<tr><td>5</td><td colspan="3">宽度（mm）</td><td>符合设计要求</td><td>米尺：每200m测4处</td><td>2</td><td>200500 200650
200660 200400</td><td>100%</td><td>100</td></tr>
<tr><td>6</td><td colspan="3">平整度（mm）</td><td>≤15</td><td>3m直尺：每200m测2处×10尺</td><td>2</td><td>3 5 9 4 2</td><td>100%</td><td>100</td></tr>
<tr><td>7</td><td colspan="3">横坡（%）</td><td>±0.3</td><td>水准仪：每200m测4个断面</td><td>1</td><td>0.1 0.1 0.4
0.1 0.1</td><td>80%</td><td>80</td></tr>
<tr><td>8</td><td colspan="3">边坡坡度</td><td>符合设计要求</td><td>尺量：每200m测4处</td><td>1</td><td>1∶1.52 1∶1.50
1∶1.52 1∶1.51</td><td>100%</td><td>100</td></tr>
<tr><td>9</td><td colspan="8">合计</td><td>98.8</td></tr>
<tr><td rowspan="3">10</td><td colspan="2" rowspan="3">外观鉴定</td><td colspan="4">表面平整、边线直顺，曲线圆滑。不符合要求时，单向累计长度每50m减1～2分</td><td>符合要求</td><td colspan="2" rowspan="3">减分：0</td></tr>
<tr><td colspan="4">边坡坡面平顺、稳定、不得亏坡，曲线圆滑。不符合要求时，单向累计长度每50m减1～2分</td><td>符合要求</td></tr>
<tr><td colspan="4">取土坑、弃土堆、护坡道、碎落台位置适当，外形整齐、美观，防止水土流失。不符合要求时，每处减1～2分</td><td>符合要求</td></tr>
<tr><td>11</td><td colspan="2">质量保证资料</td><td colspan="4">施工资料和图表必须齐全，不缺最基本数据，不得伪造涂改，不符合要求时，不予检查和评定。资料不全者，视情况每款减1～3分</td><td>符合要求</td><td colspan="2">减分：0</td></tr>
<tr><td>12</td><td colspan="3">（子）分项工程评分值</td><td>98.8</td><td>质量等级</td><td colspan="2">合格（√）</td><td colspan="2">不合格（ ）</td></tr>
</table>

检测负责人：____ 检测：____ 记录：____ 复核：____ ____年__月__日

任务 1.3 路基土的回弹模量

【任务描述】

某道路工程中，路基为土方填方路基，根据设计文件以及规范要求施工完毕，现要求测定该土基的回弹模量并评定其路基的承载性能。

【学习支持】

1. 试验检验依据：《公路土工试验规程》JTG E40—2007

质量控制依据：《公路工程质量检验评定标准》JTG F80/1—2004

2. 基本概念

回弹模量是指路基、路面及筑路材料在荷载作用下产生的应力与其相应的回弹应变的比值。

3. 常用方法

目前常用的回弹模量测定方法主要有：承载板法、强度仪法、贝克曼梁法和其他间接测试方法。下面主要介绍承载板法和强度仪法。

【任务实施】

承载板法测定土的回弹模量

1. 适用范围

本方法适用于不同湿度和密度的细粒土。

2. 仪具与材料

本试验需要下列仪具与材料：

(1) 杠杆压力仪：最大压力 1500N，如图 1-14 所示。

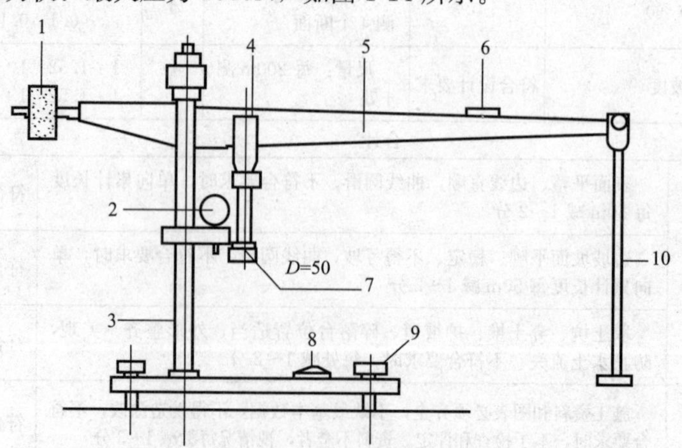

图 1-14 杠杆压力仪示意图（单位：mm）

1—调平砝码；2—千分表；3—立柱；4—加压杆；5—水平杠杆；6—水平气泡；7—加压球座；8—底座气泡；9—调平脚螺丝；10—加载架

（2）承载板：直径 50mm，高 80mm，如图 1-15 所示。

（3）试筒：内径 152mm、高 170mm 的金属筒；套环，高 50mm；筒内垫块，直径 151mm，高 50mm；夯击底板与击实仪相同。

（4）量表：千分表两块。

（5）秒表一只，如图 1-16 所示。

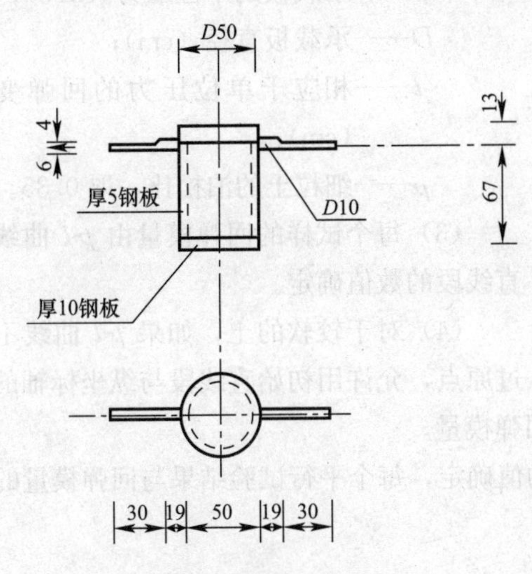

图 1-15　承载板（单位：mm）

图 1-16　秒表

3. 方法与步骤

（1）根据工程要求选择轻型或重型击实法，视最大粒径用小筒或大筒进行击实试验，得出最佳含水率和最大干密度，然后按最佳含水率备样，用同类击实方法制备试件。

（2）安装试样：将试件和试筒放在杠杆压力仪的底盘上，将承载板放在试件中央位置并与杠杆压力仪的加压球座对正，将千分表固定在立柱上，并将千分表的测头安放在承载板的表架上。

（3）预压：在杠杆压力仪的加载架上施加砝码，用预定的最大压力 p 进行预压，含水率大于塑限的试样，p=50～100kPa，含水率小于塑限的试样，p=100～200kPa。预压 1～2 次，每次预压 1min，预压后调整承载板位置，并将千分表调到接近满量程的位置，准备试验。

（4）测定回弹模量：将预定的最大压力分为 4～6 份，作为每级加载的压力。每级压力加载时间为 1min 时，记录千分表读数，同时卸载，让试件恢复变形。卸载 1min 时，再次记录千分表读数，同时施加下一级荷载。如此逐级进行加载和卸载，并记录千分表读数，直至最后一级荷载。为使试验曲线开始部分比较准确，第一、二级荷载可用每份的一半。试验的最大压力也可略大于预定压力。

4. 结果整理

（1）计算每级荷载作用下的回弹变形 l

$$l = \text{加载读数} - \text{卸载读数} \tag{1-15}$$

（2）以单位压力 p 为横坐标（向右），回弹变形 l 为纵坐标（向下），绘制单位压力与

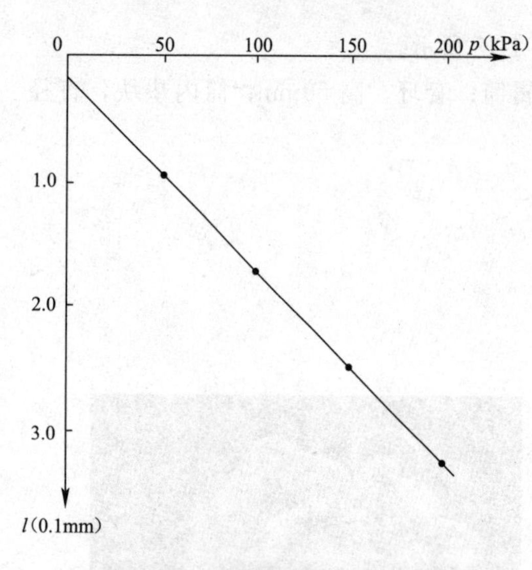

图 1-17 单位压力与回弹变形的关系曲线（p-l 曲线）

回弹变形曲线，如图 1-17 所示，每级荷载下的回弹模量按下式计算：

$$E=\frac{\pi pD}{4l}(1-\mu^2) \tag{1-16}$$

式中 E——回弹模量（kPa）；

p——承载板的单位压力（kPa）；

D——承载板直径（cm）；

l——相应于单位压力的回弹变形（cm）；

μ——细粒土的泊松比，取 0.35。

（3）每个试样的回弹模量由 p-l 曲线上直线段的数值确定。

（4）对于较软的土，如果 p-l 曲线不通过原点，允许用初始直线段与纵坐标轴的交点当作原点，修正各级荷载下的回弹变形和回弹模量。

（5）土的回弹模量由 3 个平行试验的平均值确定，每个平行试验结果与回弹模量的均值之差应不超 5%。

5. 试验报告应记录下列结果

（1）土的鉴别分类和代号。

（2）试验方法。

（3）土的回弹模量 E 值（kPa）。

【工程检验控制实例】

某道路工程中，路基为回填土方路基，现在要求用承载板法检测土基的回弹模量，试验记录见表 1-11。

承载板法测回弹模量试验记录表 表 1-11

工程名称：___工程			结构名称：土基						最大干密度：2.16g/cm³		
加载级数	单位压力（kPa）	砝码重量 N 或压力计读数（0.01mm）	量表读数（0.1mm）						回弹变形（0.1mm）		回弹模量（kPa）
			加载			卸载					
			左	右	平均	左	右	平均	读数值	修正值	
1	25	5	8.91	9.04	8.98	9.48	9.62	9.55	0.57	0.38	22670
2	50	10	8.15	8.29	8.22	9.08	9.25	9.17	0.95	0.76	22670
3	100	20	6.50	6.72	6.61	8.27	8.40	8.34	1.73	1.54	22375
4	150	30	4.96	5.11	5.04	7.39	7.64	7.52	2.48	2.29	22571
5	250	40	3.30	3.42	3.36	6.53	6.69	6.61	3.25	3.06	22522

检测负责人：____ 检测：____ 记录：____ 复核：____ ____年__月__日

【任务实施】

强度仪法测回弹模量

1. 适用范围

本试验适用于不同湿度、密度的细粒土及其加固土。

2. 仪器设备

（1）路面材料强度仪：能量不小于50kN，能调节贯入速度至每分钟贯入1mm，可采用测力计式，如图1-18所示。

（2）试筒：内径152mm，高170mm的金属圆筒；套环，高50mm；筒内垫块，直径151mm，高50mm；夯击底板同击实仪。试筒的形式和尺寸与击实试验相同，仅在与夯击底板的立柱连接的缺口板上多一个内径5mm、深5mm的螺丝孔，用来安装千分表支架，如图1-18所示。

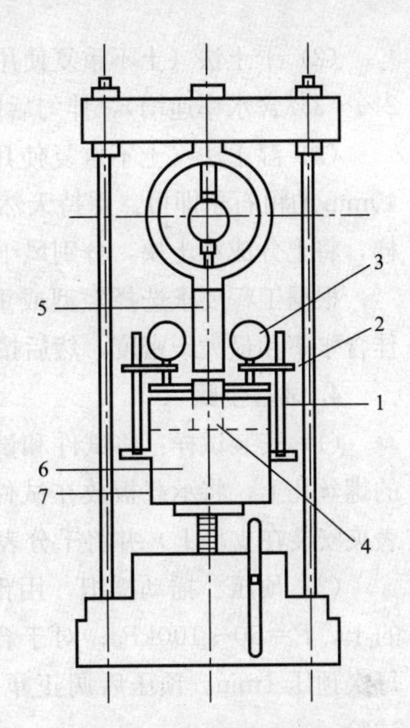

图1-18　路面材料强度仪

1—千分表支杆；2—表夹；3—千分表；4—承载板；5—贯入杆；6—土样；7—试筒

（3）承载板：直径50mm、高80mm钢板制成的空心圆柱体，两侧带有量表支架。

（4）量表支杆及表夹：支杆长200mm，直径10mm，一端带有长5mm的与试筒上螺丝孔连接的螺丝杆，如图1-19所示。表夹的各部尺寸如图1-20所示，表夹可为钢制，也可用硬塑料制成。

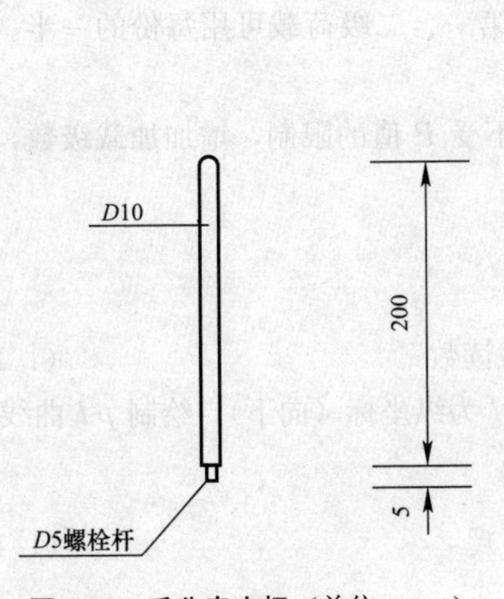

图1-19　千分表支杆（单位：mm）

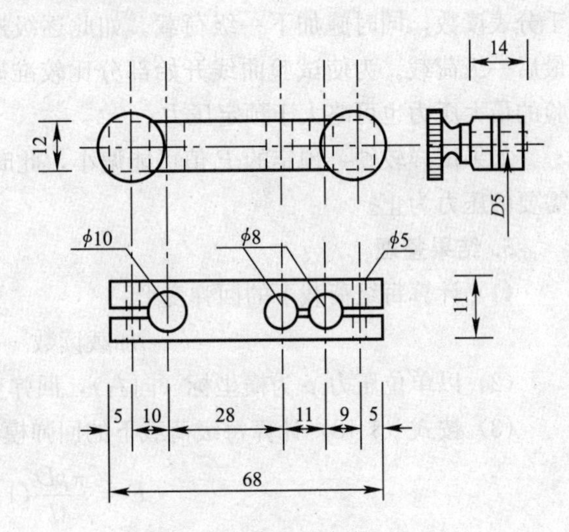

图1-20　表夹（单位：mm）

（5）量表：千分表两块。

（6）秒表一只。

3. 试样

（1）用带螺丝孔的试筒采用不同的方法击实制备试件，可按击实试验中的表1-1准备试料。

（2）干土法（土不重复使用）：按四分法至少准备5个试样，分别加入不同水量（按2%～3%含水率递增），拌匀后闷料一夜备用。

（3）湿土法（土不重复使用）：对于高含水率土，可省略过筛步骤，用手拣除大于40mm的粗石子即可。保持天然含水率的第一个土样，可立即用于击实试验。其余几个试样，将土分成小土块，分别风干，使含水率按2%～3%递减。

根据工程要求选择轻型或重型法，视最大粒径用小筒或大筒进行击实试验，得出最佳含水率和最大干密度，然后按最佳含水率用上述试筒击实制备试件。

4. 试验步骤

（1）安装试样：将试件和试筒放在强度仪的升降台上；将千分表支杆拧在试筒两侧的螺丝孔上，将承载板放在试件表面中央位置，并与强度仪的贯入杆对正；将千分表和表夹安装在支杆上，并将千分表测头安放在承载板两侧的支架上。

（2）预压：摇动摇把，用预定的试验最大单位压力进行预压。对于含水率大于塑限的土，$P=50\sim100$kPa；对于含水率小于塑限的土，$P=100\sim200$kPa。预压1～2次，每次预压1min。预压后调正承载板位置，并将千分表调到接近满量程的位置，准备试验。

（3）测定回弹模量。

① 将预定的最大压力分为4～6份，作为每级加载的压力。由每级压力计算测力计百分表读数，按照百分表读数逐级加载。

② 加载卸载：将预定最大单位压力分成4～6份，作为每级加载的压力。每级加载时间为1min时，记录千分表读数，同时卸载，让试件恢复变形。卸载1min时，再次记录千分表读数，同时施加下一级荷载。如此逐级进行加载卸载，并记录千分表读数，直至最后一级荷载。为使试验曲线开始部分比较准确，第一、二级荷载可用每份的一半。试验的最大压力也可略大于预定压力。

如果试样较硬，预定的P值可能偏小，此时可不受P值的限制，增加加载级数，至需要的压力为止。

5. 结果整理

（1）计算每级荷载下的回弹变形：

$$l=\text{加载读数}-\text{卸载读数} \tag{1-17}$$

（2）以单位压力p为横坐标（向右），回弹变形l为纵坐标（向下），绘制p-l曲线。

（3）按式（1-18）计算每级荷载下的回弹模量：

$$E=\frac{\pi pD}{4l}(1-\mu^2) \tag{1-18}$$

式中 E——回弹模量（kPa）；

p——承载板上的单位压力（kPa）；

D——承载板直径（cm）；

l——相应于单位压力的回弹变形（cm）；

μ——细粒土的泊松比，取0.35；对于具有一定龄期的加固土取0.25～0.30。

（4）每个试样的回弹模量由p-l曲线上直线段的数值确定。

（5）对于较软的土，如果 p-l 曲线不通过原点，允许用初始直线段与纵坐标轴的交点作为原点，修正各级荷载下的回弹变形和回弹模量。

（6）精密度和允许差

土的回弹模量由 3 个平行试验的平均值确定，每个平行试验结果与均值回弹模量相差均应不超过 5%。

6. 报告

（1）土的鉴别分类和代号。

（2）试验方法。

（3）土的回弹模量 E 值（kPa）。

【工程检验控制实例】

某道路工程中，土基正在施工，表 1-12 是强度仪法检测土基回弹模量的试验记录表。

强度仪法测回弹模量试验记录表　　表 1-12

工程名称：道路工程											土样说明：黏质土
土样编号：No. 8											压力计：500kg 量力环
加载级数	单位压力（kPa）	砝码重量（N）或压力计读数（0.01mm）	量表读数（0.1mm）						回弹变形（0.1mm）		回弹模量（kPa）
			加载			卸载					
			左	右	平均	左	右	平均	读数值	修正值	
1	80	6.56	7.19	7.03	7.11	7.38	7.22	7.30	0.19	0	145090
2	160	13.12	6.68	6.56	6.62	7.07	6.95	7.01	0.39	0	141370
3	240	19.67	6.24	6.08	6.16	6.78	6.62	6.70	0.54	0	153151
4	320	26.23	5.73	5.63	5.68	6.49	6.37	6.43	0.75	0	147025
5	400	32.79	5.26	5.14	5.20	6.16	6.06	6.11	0.91	0	151468
6	480	39.34	4.74	4.60	4.67	5.88	5.76	5.82	1.15	0	143828

检测负责人：____　检测：____　记录：____　复核：____　　____年__月__日

【知识链接】

回弹模量的测试方法除了承载板和强度仪法，还有贝克曼梁法，它也可以测定路基路面现场土基回弹模量，适用于在土基、厚度不小于 1m 的粒料整层表面，用弯沉仪测试各测点的回弹、弯沉值，通过计算求得该材料的回弹模量值，也适用于在旧路表面测定路基路面的综合回弹模量。

测试采用的仪器有路面弯沉仪（由贝克曼梁、百分表及表架组成），及标准车、路表温度计、皮尺、口哨、粉笔、指挥旗等其他工具。

选择洁净的路面表面作为测点，作好标记并编号。选择适当的标准车，实测各测点处路面回弹弯沉值 L_i。计算全部的弯沉测定值的算术平均值 $\overline{L}$、标准差 S 和自然误差 γ_0，然后计算代表弯沉值 L_r。按下式计算材料的回弹模量（E_1）：

$$E_1 = \frac{2p\delta}{L_r}(1-\mu^2)\alpha \tag{1-19}$$

式中 p——测定车轮的平均垂直荷载（MPa）；

δ——测定用标准车双圆荷载单轮传压面当量圆的半径（cm）；

μ——测定层材料的泊松比，根据相关规范的规定取用；

α——弯沉系数，为 0.712。

任务 1.4　路基土的承载比 CBR

【任务描述】

某土基为土方填方路基，根据设计文件与规范的要求施工，现在测定该土基的承载比，以控制路基土的承载能力。

【学习支持】

1. 试验检验依据：《公路土工试验规程》JTG E40—2007

质量控制依据：《公路工程质量检验评定标准》JTG F80/1—2004

2. 基本概念

（1）CBR 又称加州承载比，是美国加利福尼亚州公路局提出的评定基层材料承载能力的试验方法，可作为评定土基及路面材料承载比的指标。CBR 是路基土和路面材料的强度指标，是柔性路面设计的主要参数之一。

（2）CBR 值是以材料抵抗局部荷载压入变形的能力表征，并以标准高强度碎石的承载能力为标准，用相对的百分数来表示。标准碎石的不同贯入量对应的标准荷载是不一样的，见表 1-13。一般采用贯入量为 2.5mm 时的标准荷载强度作为材料的承载比（CBR）。

标准碎石标准荷载强度与对应的贯入量　　表 1-13

贯入量（mm）	标准荷载强度（kPa）	标准荷载（kN）
2.5	7000	13.7
5.0	10500	20.3
7.5	13400	26.3
10.0	16200	31.8
12.5	18300	36.0

（3）为了确保路基的强度和稳定性，《公路路基设计规范》、《公路路基施工技术规范》规定了路基填料的 CBR 值，见表 1-14，路基施工之前必须对填料进行 CBR 试验。

路基填料最小强度值和最大粒径要求　　表 1-14

填料应用部分（路床顶面以下深度）(m)		填料最小强度（CBR）(%)			填料最大粒径（mm）
		高速公路、一级公路	二级公路	三级公路	
路堤	上路床（0～0.30）	8	6	5	100
	下路床（0.30～0.80）	5	4	3	100
	上路堤（0.80～1.50）	4	3	3	150
	下路堤（>0.30）	3	2	2	150

续表

填料应用部分（路床顶面以下深度）(m)		填料最小强度（CBR）(%)			填料最大粒径 (mm)
		高速公路、一级公路	二级公路	三级公路	
零填及挖方路基	0～0.30	8	6	5	100
	0.30～0.80	5	4	3	100

【任务实施】

CBR 试验有室内试验和现场试验两种，两种试验方法基本相同，但是室内试验需要按照路基要求做好试件，现场试验的贯入试验是直接在土基顶面或路面材料顶面进行，下面主要介绍室内 CBR 试验。

1. 适用范围

本试验方法适用于在规定的试筒内制件后，对各种土和路面基层、底基层材料进行承载比试验。

试样的最大粒径宜控制在 20mm 以内，最大不得超过 40mm 且含量不超过 5%。

2. 仪器设备

(1) 圆孔筛：孔径 40、20mm 及 5mm 筛各 1 个。

(2) 试筒：内径 152mm、高 170mm 的金属圆筒；套环，高 50mm；筒内垫块，直径 151mm、高 50mm；夯击底板，同击实仪，如图 1-21 所示。

(*a*)

(*b*)

图 1-21　承载比试筒

(*a*) 组装好的承载比试筒；(*b*) 拆开的承载比试筒

(3) 夯锤和导管：夯锤的底面直径 50mm，总质量 4.5kg。夯锤在导管内的总行程为 450mm，夯锤的形式和尺寸与重型击实试验法所用的相同。

(4) 贯入杆：端面直径 50mm、长约 100mm 的金属杆。

(5) 路面材料强度仪或其他荷载装置：能量不小于 50kN，能调节贯入速度至每分钟贯入 1mm，可采用测力计式，如图 1-22 所示。

(6) 百分表：3 个。

(7) 试件顶面上的多孔板（测试件吸水时的膨胀量），如图 1-23 所示。

(8) 多孔底板（试件放上后浸泡水中）。

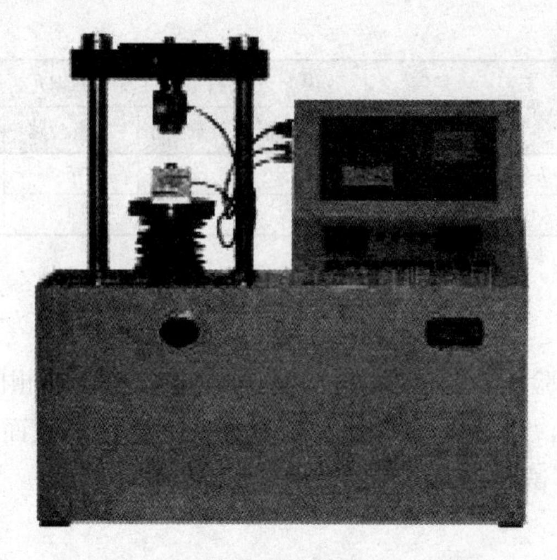

图 1-22　路面材料强度仪实物图

（9）测膨胀量时支承百分表的架子如图 1-24 所示，或采用压力传感器测试。

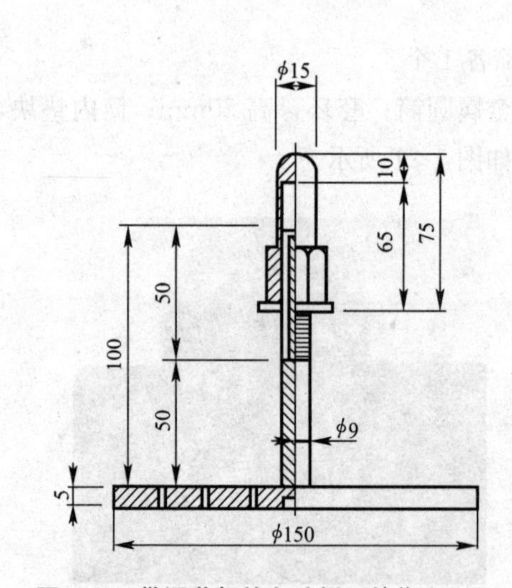

图 1-23　带调节杆的多孔板（单位：mm）

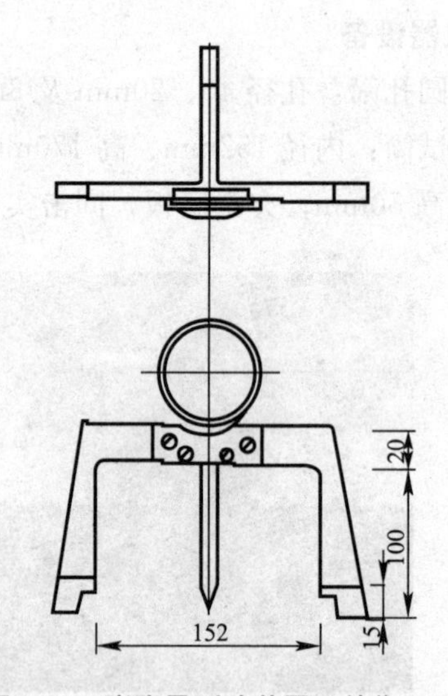

图 1-24　膨胀量测试装置（单位：mm）

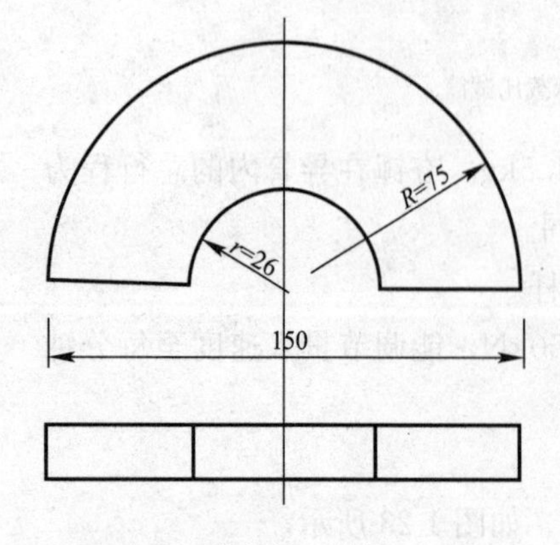

图 1-25　荷载板（单位：mm）

（10）荷载板：直径 150mm，中心孔眼直径 52mm，每块质量 1.25kg，共 4 块，并沿直径分为两个半圆块，如图 1-25 所示。

（11）水槽：浸泡试件用，槽内水面高出试件顶面 25mm。

（12）其他：台秤，感量为试件用量的 0.1%，拌合盘、直尺、滤纸、脱模器等与击实试验相同。

3. 试样

（1）将具有代表性的风干试料（必要时可以在 50℃烘箱内烘干），用木碾捣碎，但应尽量注意不使土或粒料的单个颗粒破碎。土团均应捣碎至通过5mm的筛孔。

（2）采用有代表性的试料50kg，用40mm筛筛除大于40mm的颗料，并记录超尺寸颗粒的百分数。将已过筛的试料按四分法取出约25kg。再用四分法将取出的试料分成4份，每份质量6kg，供击实试验和制备试件之用。

（3）在击实试验的前一天，取有代表性的试料测定其风干含水率。测定含水率用的试样数量可参照击实试验的表1-2。

4. 试验步骤

（1）称试筒本身质量m_1，将试筒固定在底板上，将垫块放入筒内，并在垫块上放一张滤纸，安上套环。

（2）将试料按表1-1规定的层数和每层击数进行击实，求试料的最大干密度和最佳含水率。

（3）将其余3份试料，按最佳含水率制备3个试件，将一份试料平铺于金属盘内，按计算得到的该份试料应加水量（按式1-20），均匀地喷洒在试料上。

$$m_w = \frac{m_i}{1 + 0.01\omega_i} \times 0.01(\omega - \omega_i) \tag{1-20}$$

式中　m_w——所需加水量（g）；

m_i——含水量为ω_i土样的质量（g）；

ω_i——土样原有含水率（%）；

ω——要求达到的含水率（%）。

用小铲将试料充分拌匀后，然后装入密闭容器或塑料口袋内浸润备用。

浸润时间：重黏土不得少于24h，轻黏土可缩短到12h，砂土可缩短到1h，天然砂砾可缩短到2h左右。

制作试件时，都要取样测定试料的含水率。

注：需要时，可制备三种干密度试件。如每种干密度试件3个，则共9个试件。每层击数分别为30、50和98次，使试件的干密度为（0.95～1）倍最大干密度。9个试件共需试料约55kg。

（4）将试筒放在坚硬的地面上，按规定的分层和击数进行试样击实，击实时锤应自由垂直落下，锤迹必须均匀分布于试样面上。第一层击实完后，将试样层面拉毛，然后再装入套筒，重复上述方法进行其余层试样的击实，大试筒击实后，试样不宜高出筒高10mm。

（5）卸下套环，用直刮刀沿试筒顶修平击实的试件，表面不平整处用细料修补。取出垫块，称试筒和试件的质量m_2。

（6）泡水测膨胀量的测定步骤如下，如图1-26（*b*）所示。

① 在试件制成后，取下试件顶面的破残滤纸，放一张好滤纸，并在其上安装附有调节杆的多孔板，在多孔板上加4块荷载板。

② 将试筒与多孔板一起放入槽内（先不放水），并用拉杆将模具拉紧，安装百分表，并读取初读数。

③ 向水槽内放水，使水自由进入到试件的顶部和底部。在泡水期间，槽内水面应保持在试件顶面以上约25mm处，通常试件要泡水4昼夜。

④ 泡水终了时，读取试件上百分表的终读数，并计算膨胀量。

$$膨胀量(\%)=\frac{泡水后试件高度变化}{原试件高(120mm)}\times 100\% \quad (1\text{-}21)$$

⑤ 从水槽中取出试件，倒出试件顶面的水，静置 15min，让其排水，然后卸去附加荷载和多孔板、底板和滤纸，并称量（m_3），以计算试件的湿度和密度的变化。

（7）贯入试验

① 将泡水试验终了的试件放到路面材料强度试验仪的升降台上，调整偏球座，对准、整平并使贯入杆与试件顶面全面接触，在贯入杆周围放置 4 块荷载板，如图 1-26（*a*）所示。

② 先在贯入杆上施加 45N 荷载，然后将测力和变形的百分表的指针都调整至整数，并记录起始读数，如图 1-26（*c*）所示。

③ 加荷使贯入杆以 1～1.25mm/min 的速度压入试件，同时测记三个百分表的读数，记录测力计内百分表某些整读数（如 20、40、60）时的贯入量，并注意使贯入量为 250×10^{-2}mm 时，能有 5 个以上的读数。因此，测力计内的第一个读数应是贯入量，约为 30×10^{-2}mm。

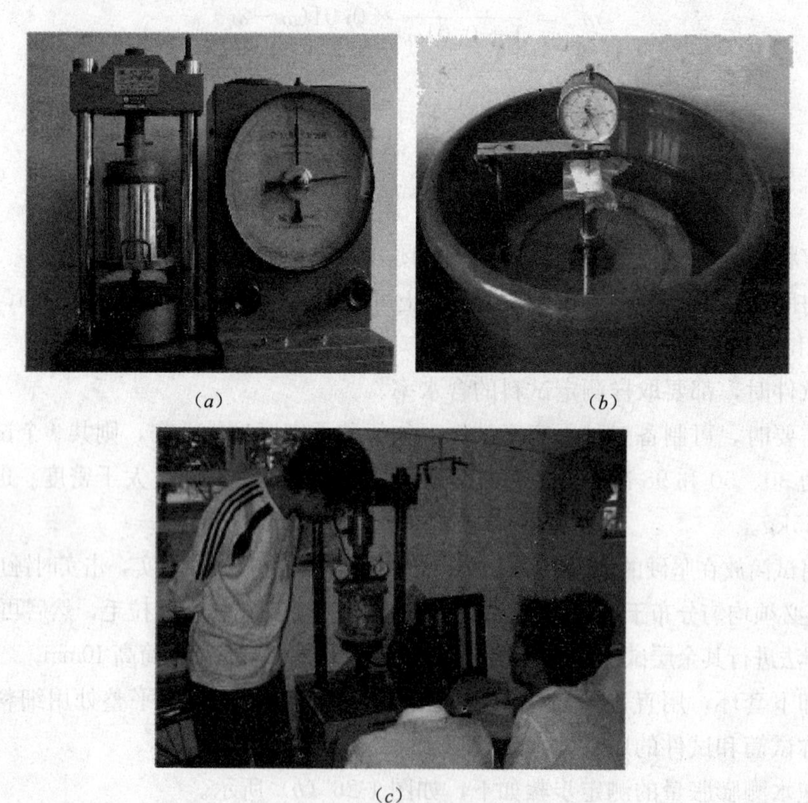

（*a*）　（*b*）

（*c*）

图 1-26　CBR 试验

（*a*）荷载装置；（*b*）测膨胀量；（*c*）贯入试验

5. 结果整理

（1）以单位压力（*P*）为横坐标，贯入量（*L*）为纵坐标，绘制 *P*-*L* 关系曲线，如图 1-27 所示。图中曲线 1 为不用修正的曲线；如果曲线端部呈 S 形，则需修正，如曲线 2 所示。

(2) 一般采用贯入量为2.5mm时的单位压力与标准压力之比作为材料的承载比(CBR)，即：

$$CBR(\%)=\frac{P}{7000}\times 100 \qquad (1\text{-}22)$$

式中　CBR——承载比，%；

P——单位压力，kPa。

同时计算贯入量为5mm时的承载比：

$$CBR(\%)=\frac{P}{10500}\times 100 \qquad (1\text{-}23)$$

如贯入量为5mm时的承载比大于2.5mm时的承载比，则试验要重做，如结果仍然如此，则采用5mm时的承载比。

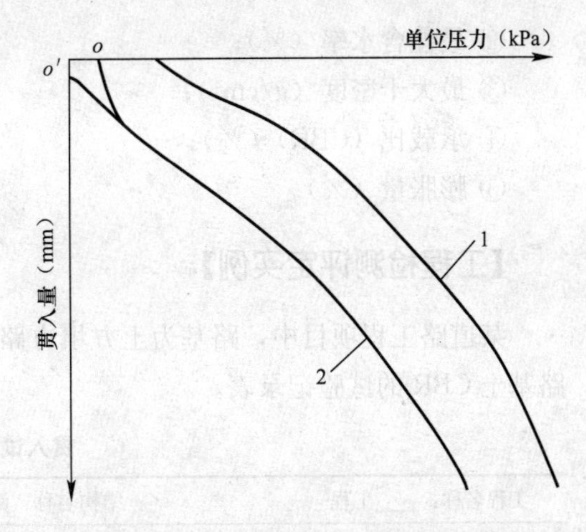

图1-27　单位压力与贯入量关系曲线

(3) 试件的湿密度用式(1-24)计算：

$$\rho_w=\frac{m_2-m_1}{2177} \qquad (1\text{-}24)$$

式中　ρ_w——试件的湿密度（g/cm³），计算至0.01；

m_2——试筒和试件质量（g）；

m_1——试筒的质量（g）；

2177——试筒的容积（cm³）。

(4) 试件的干密度用式(1-25)计算：

$$\rho_d=\frac{\rho_w}{1+0.01\omega} \qquad (1\text{-}25)$$

式中　ρ_d——试件的干密度（g/cm³），计算至0.01；

ω——试件的含水率（%）。

(5) 泡水后试件的吸水量按式(1-26)计算：

$$\omega_\alpha=m_3-m_2 \qquad (1\text{-}26)$$

式中　ω_α——泡水后试件的吸水量（g）；

m_3——泡水后试筒和试件的质量（g）；

m_2——试筒和试件的质量（g）。

(6) 精度要求

根据3个平行试验结果计算得承载比变异系数C_v>12%时，去掉一个偏离大的值，取其余2个结果的平均值。如C_v<12%，且3个平行试验结果计算的干密度偏差小于0.03g/cm³，则取3个结果的平均值。如果3个平行试验结果计算的干密度偏差超过0.03g/cm³，则去掉1个偏离大的值，取其2个结果的平均值。

承载比小于100，相对偏差不大于5%；承载比大于100，相对偏差不大于10%。

(7) 绘制承载比和干密度关系曲线。

(8) 检测报告

① 材料的颗粒组成（包括40mm以上的颗粒）；

② 最佳含水率（%）；
③ 最大干密度（g/cm³）；
④ 承载比（CBR）（%）；
⑤ 膨胀量（%）。

【工程检测评定实例】

某道路工程项目中，路基为土方填方路基，表 1-15、表 1-16 为用室内承载比法检验路基土 CBR 的试验记录表。

贯入试验记录表　　表 1-15

工程名称：___工程	结构名称：路基		
每层击数：98	最大干密度：1.69g/cm³	最佳含水率：18%	
量力环校正系数 C=0.2398kN/0.01mm，贯入杆面积 $A=1.9635\times10^{-3}m^2$，$P=CR/A$			
L=2.5mm 时，P=611kPa，CBR=$\frac{P}{7000}\times100$=8.7%（CBR 最后取值）			
L=5.0mm 时，P=690kPa，CBR=$\frac{P}{10500}\times100$=6.6%			
荷载测力计百分表读数 R（0.01mm）	单位压力 P（kPa）	贯入量百分表读数（0.01mm）	贯入量 L（mm）
0.9	110	60.5	0.61
1.8	220	106.5	1.07
2.9	354	151.0	1.51
4.0	489	194.0	1.94
4.8	586	240.5	2.41
5.1	623	286.0	2.86
5.4	660	335.0	3.34
5.6	684	383.0	3.83
5.6	684	488.0	4.88

膨胀量试验记录表　　表 1-16

试验参数		编号	计算式	试验数据		
膨胀量	筒号	(1)		1	2	3
	泡水前试件（原试件）高度（mm）	(2)		120	120	120
	泡水后试件高度（mm）	(3)		128.6	136.5	133
	膨胀量（%）	(4)	$\frac{(3)-(2)}{(2)}$	7.167	13.75	10.83
	膨胀量平均值（%）	(5)		10.58		
密度	筒质量 m_1（g）	(6)		6660	4640	5390
	筒+试件质量 m_2（g）	(7)		10900	8937	9790
	筒体积（cm³）	(8)		2177	2177	2177
	湿密度 ρ_w（g/cm³）	(9)	$\frac{(7)-(6)}{(8)}$	1.948	1.974	2.021
	含水量 ω（%）	(10)		16.93	18.06	26.01
	干密度	(11)	$\frac{(9)}{1+0.01\omega}$	1.666	1.672	1.604
	干密度平均值	(12)		1.647		

续表

试验参数		编号	计算式	试验数据		
吸水量	饱水后筒+试件合质量 m_3（g）	（13）		11530	9537	10390
	吸水量 ω_a（g）	（14）	（13）-（7）	630	600	600
	吸水量平均值（g）	（15）		610		

检测负责人：____　检测：____　记录：____　复核：____　____年__月__日

【知识链接】

土基现场CBR测试方法

1. 适用范围

本方法适用于在现场测定各种土基材料的现场CBR值，同时也适合于基层、底基层、砂性土、天然砂砾、级配碎石等材料CBR值的测定。

2. 仪器与材料

① 加载设施：载有铁块或集料等重物，后轴重不小于60kN的载重汽车一辆。

② 现场测试装置，由千斤顶、测力计（测力环或压力表）及球座组成。

③ 贯入杆：直径ϕ50mm，长约200mm的金属圆柱体。

④ 承载板：每块1.25kg，直径ϕ150mm，中心孔眼直径ϕ52mm不少于4块，并沿直径分为两个半圆块。

⑤ 贯入量测定装置：由平台及百分表组成，也可以用两台贝克曼梁路面弯沉仪代替。

⑥ 细砂：洁净干燥的细干砂，粒径为0.3～0.6mm。

⑦ 其他：铁铲、盘、水平尺、毛刷、天平等。

3. 试验前准备工作

① 根据需要选择有代表性的测点，测点应位于水平的路基上，土质均匀，不含杂物。平整土基表面，如表面为粗粒土时，应撒布少许洁净的细砂填平，但砂子不可覆盖全部土基表面避免形成夹层。

② 安装测试设备：设置贯入杆及千斤顶。千斤顶顶在加劲横梁上且调节至高度适中。贯入杆应与土基表面紧密接触。

③ 安装贯入量测定装置，百分表对零或其他合适的初始位置。

4. 测试步骤

① 在贯入杆位置安放4块1.25kg半圆的承载板，共5kg。

② 试验贯入前，先在贯入杆上施加45N荷载后，将测力计及贯入量百分表调零，记录初始读数。

③ 启动千斤顶：使贯入杆以1mm/min的速度压入土基，相应于贯入量为0.5、1.0、1.5、2.0、2.5、3.0、4.0、5.0、7.5、10.0mm及11.5mm时，分别读取测力计。根据情况，也可在贯入量达到7.5mm时结束试验。

④ 卸除荷载，移去测定装置。

⑤ 在试验下取样，测定材料含水率。

⑥ 在紧靠试验点旁边的适当位置，用灌砂法或环刀法等测定土基的密度。

5. 计算

① 将贯入试验得到的等级荷重数除以贯入杆面积，得到各级压强（MPa），绘制荷载压强-贯入量曲线。

② 从压强-贯入量曲线上读取贯入量 2.5mm 及 5.0mm 时的荷载压强 P_1，计算现场 CBR 值。CBR 一般以贯入量 2.5mm 时的测定值为准，当贯入量 5.0mm 时的 CBR 大于 2.5mm 时的 CBR 时，应重新试验，如重新试验仍然如此时，则以贯入量 5.0mm 时的 CBR 为准。

【工程检验控制实例】

某道路工程进行施工中，路基为土方填方路基，现在于土基现场进行 CBR 试验，表 1-17为现场 CBR 的试验记录表。

土基现场 CBR 试验记录表 **表 1-17**

工程名称：____工程			最大干密度：2.16g/cm³			
现场 CBR 计算	贯入杆面积 A	19.635cm²	检测层位	路基	承载板直径（cm）	15
	相当于贯入量 2.5mm 时的荷载压强			514kPa	$CBR_{2.5}$	7.3%
	相当于贯入量 5.0mm 时的荷载压强			754kPa	$CBR_{5.0}$	7.1%
	试验结果取贯入量 2.5mm 时的 CBR：现场 CBR=7.3%					
含水率计算	序号	湿土重（g）	干土重（g）	水重（g）	含水率（%）	平均含水率（%）
	1	18.5	16.3	2.2	13.6	13.8
	2	19.6	17.2	2.4	14.0	
密度计算	序号	试样湿重（g）	试样干重（g）	体积（cm³）	干密度（g/cm³）	平均干密度（g/cm³）
	1	4261.17	3744.44	2177	1.72	1.71
	2	4211.62	3700.90	2177	1.70	
加载记录	预定贯入量（mm）	贯入量百分比读数（0.01mm）			测力计读数（N）	压强（kPa）
		1	2	平均		
	0	4	5	4	0.05	
	0.5	77	91	84	2054	105
	1.0	122	132	127	4567	232
	1.5	168	172	170	7002	356
	2.0	210	216	208	9034	460
	2.5	278	296	292	10098	514
	3.0	328	330	329	11540	638
	3.5	360	368	364	12684	646
	4.0	424	418	422	13800	702
	5.0	530	560	545	14806	754
	7.5	800	816	808	15612	795
	10	1105	1113	1109	16344	832
	12.5	1340	1358	1349	17552	893

检测负责人：____ 检测：____ 记录：____ 复核：____ ____年__月__日

项目 2 路面工程质量检验与控制

【项目描述】

道路路面工程试验检测工作是道路工程施工技术管理中的重要组成部分，是施工质量控制中不可缺少的重要环节，也是提高道路工程施工质量的关键。

首先了解一下路面结构构造，从上向下依次为面层、基层、底基层、垫层、土基。面层、基层、底基层、垫层称为路面，如图 2-1 所示。

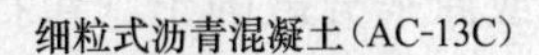

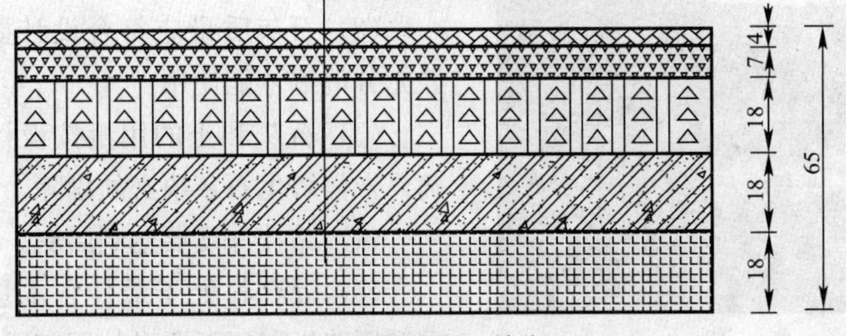

图 2-1　路面结构图（单位：mm）

如图 2-1 所示，细粒式沥青混凝土和中粒式沥青混凝土属于路面面层结构，石灰粉煤灰碎石属于基层结构，石灰土属于底基层结构。

路面工程的施工工序是先进行底基层、基层的施工，再进行面层的施工。在进行底基层、基层施工时，为了控制施工质量，需要进行的检验项目包括：石灰中活性氧化钙、氧化镁的含量；水泥或石灰稳定土中石灰、水泥的剂量；无机结合料稳定类材料的无侧限抗压强度。在面层施工中以及施工完毕后，为了控制施工质量，需要进行的检验项目包括：沥青混合料的稳定度；路面的弯沉值、平整度、摩擦系数、构造深度、厚度，沥青面层的压实度及沥青路面渗水试验等。

任务 2.1 石灰中活性氧化钙、氧化镁的含量

【任务描述】

某道路工程采用石灰稳定土作为底基层用料，根据《公路路面基层施工技术规范》JTJ 034—2000 的规定，石灰材料的质量应达到Ⅲ级石灰的要求。现在从施工现场取得石灰样品，请对石灰的有效活性氧化钙、氧化镁的含量进行测定，检验石灰的质量，以控制石灰土底基层的施工质量。

【学习支持】

1. 试验检验依据：《公路工程无机结合料稳定材料试验规程》JTG E51—2009

质量控制依据：《公路路面基层施工技术规范》JTJ 034—2000

2. 基本概念

无机结合料：主要指水泥、石灰、粉煤灰及其工业废渣。

石灰稳定土：在经过粉碎或原来分散的土（包括各种粗、中、细粒土）中，掺入足量的石灰和水，经拌合、压实及养生后得到的混合料，当其抗压强度符合规定的要求时，称为石灰稳定土。施工现场如图 2-2 所示。

图 2-2 石灰土的施工

3. 石灰土施工的基本要求

（1）土质应符合设计要求，土块要经粉碎。

（2）石灰质量应符合设计要求，块灰须经充分消解才能使用。

（3）石灰和土的用量按设计要求控制准确，未消解生石灰块必须剔除。

（4）路拌深度要达到层底。

（5）混合料处于最佳含水量状况下，用重型压路机碾压至要求的压实度。

（6）保湿养生，养生期要符合规范要求。

【任务实施】

从现场取得石灰样品后首先进行有效氧化钙的测定，然后进行有效氧化镁的测定，最后判定石灰材料是否合格，能否满足施工的需要。

1. 石灰有效氧化钙测定方法

（1）适用范围

本方法适用于测定各种石灰的有效氧化钙含量。

（2）仪器设备

1）方孔筛：0.15mm，1 个。

2）烘箱：50～250℃，1台。

3）干燥器：ϕ25cm，1个。

4）称量瓶：ϕ30mm×50mm，10个。

5）瓷研钵：ϕ12～13cm，1个。

6）分析天平：量程不小于50g，感量0.0001g，1台，如图2-3所示。

图2-3　分析天平

7）电子天平：量程不小于500g，感量0.01g，1台。

8）电炉：1500W，1个。

9）石棉网：20cm×20cm，1块。

10）玻璃珠：ϕ3mm，1袋（0.25kg）。

11）具塞三角瓶：250mL，20个。

12）漏斗：短颈，3个。

13）塑料洗瓶：1个。

14）塑料桶：20L，1个。

15）下口蒸馏水瓶：5000mL，1个。

16）三角瓶：300mL，10个。

17）容量瓶：250、1000mL，各1个。

18）量筒：200、100、50、5mL，各1个。

19）试剂瓶：250、1000mL，各5个。

20）塑料试剂瓶：1L，1个。

21）烧杯：50mL，5个；250mL（或300mL），10个。

22）棕色广口瓶：60mL，4个；250mL，5个。

23）滴瓶：60mL，3个。

24）酸滴定管：50mL，2支，如图2-4所示。

25）滴定台及滴定管夹：各1套。

26）大肚移液管：25、50mL，各1支。

27）表面皿：7cm，10块。

28）玻璃棒：8mm×250mm及4mm×180mm，各10支。

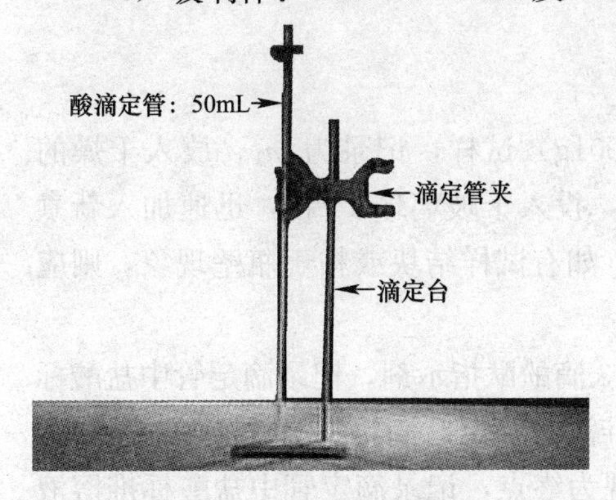

图2-4　滴定架、滴定管

29）试剂勺：5个。

30）吸水管：8mm×150mm，5支。

31）洗耳球：大、小各1个，如图2-5所示。

（3）试剂

1）蔗糖（分析纯）。

2）酚酞指示剂：称取0.5g酚酞溶于50mL 95%乙醇中。

3）0.1%甲基橙水溶液：称取0.05g甲基橙溶于50mL蒸馏水（40～50℃）中。

4）盐酸标准溶液（相当于0.5mol/L）：将

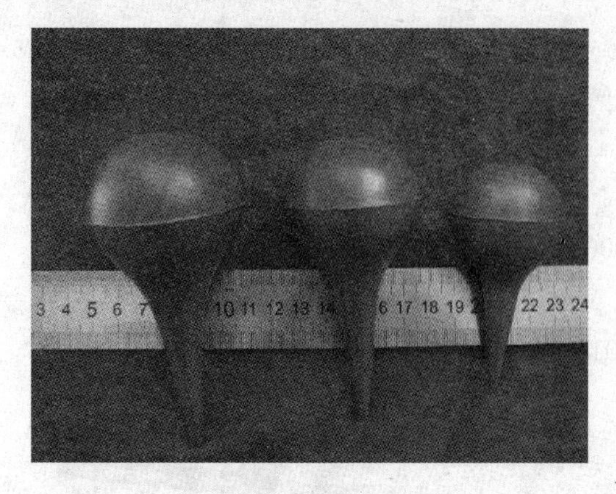

图 2-5　洗耳球

42mL 浓盐酸（相对密度 1.19）稀释至 1L，按下述方法标定其摩尔浓度后备用。

称取 0.8～1.0g（精确至 0.0001g）已在 180℃烘干 2h 的碳酸钠（优级纯或基准级）记录为 m，置于 250mL 三角瓶中，加 100mL 水使其完全溶解；然后加入 2～3 滴 0.1%甲基橙指示剂，记录滴定管中待标定盐酸标准溶液的体积 V_1，用待标定的盐酸标准溶液滴定至碳酸钠溶液由黄色变为橙红色；将溶液加热至微沸，并保持微沸 3min，然后放在冷水中冷却至室温，如此时橙红色变为黄色，再用盐酸标准溶液滴定，至溶液出现稳定橙红色为止，记录滴定管中盐酸标准溶液的体积 V_2。V_1、V_2 的差值即为盐酸标准溶液的消耗量 V。

盐酸标准溶液的摩尔浓度按式（2-1）计算。

$$M = m/(V \times 0.053) \tag{2-1}$$

式中　M——盐酸标准溶液的摩尔浓度（mol/L）；

m——称取碳酸钠的质量（g）；

V——滴定时盐酸标准溶液的消耗量（mL）；

0.053——与 1.00mL 盐酸标准溶液［$C(HCl)=1.000$mol/L］相当的以克表示的无水碳酸钠的质量。

式（2-1）中盐酸标准溶液的浓度相当于 1mol/L 标准溶液浓度的一半左右。

（4）准备试样

1）生石灰试样：将生石灰样品打碎，使颗粒不大于 1.18mm。拌合均匀后用四分法缩减至 200g 左右，放入瓷研钵中研细。再经四分法缩减至 20g 左右。研磨所得石灰样品，通过 0.15mm（方孔筛）的筛。从此细样中均匀挑取 10 余克，置于称量瓶中在 105℃烘箱内烘至恒量，储于干燥器中，供试验用。

2）消石灰试样：将消石灰样品用四分法缩减至 10 余克。如有大颗粒存在，须在瓷研钵中磨细至无不均匀颗粒存在为止。置于称量瓶中在 105℃烘箱内烘至恒量，储于干燥器中，供试验用。

（5）试验步骤

1）称取约 0.5g（用减量法称量，精确至 0.0001g）试样，记录为 m_1，放入干燥的 250mL 具塞三角瓶中，取 5g 蔗糖覆盖在试样表面，投入干玻璃珠 15 粒，迅速加入新煮沸并已冷却的蒸馏水 50mL，立即加塞振荡 15min（如有试样结块或粘于瓶壁现象，则应重新取样）。

2）打开瓶塞，用水冲洗瓶塞及瓶壁，加入 2～3 滴酚酞指示剂，记录滴定管中盐酸标准溶液体积 V_3，用已标定的约 0.5mol/L 盐酸标准溶液滴定（滴定速度以 2～3 滴/s 为宜），至溶液的粉红色显著消失并在 30s 内不再复现为终点，记录滴定管中盐酸标准溶液的体积 V_4。V_3、V_4 的差值即为盐酸标准溶液的消耗量 V_5。滴定试验如图 2-6 所示。

(6) 计算

按式（2-2）计算有效氧化钙的含量。

$$X=\frac{V_5\times M\times 0.028}{m_1}\times 100 \quad (2-2)$$

式中　X——有效氧化钙的含量（%）；

V_5——滴定时消耗盐酸标准溶液的体积（mL）；

0.028——氧化钙毫克当量；

m_1——试样质量（g）；

M——盐酸标准溶液的摩尔浓度（mol/L）。

图2-6　滴定试验

(7) 结果整理

同一石灰样品至少做两个试样，进行两次测定，并取两次结果的平均值作为最终结果。石灰中氧化钙和有效钙含量在30%以下的允许重复性误差为0.40，30%～50%时为0.50，大于50%时为0.60。

(8) 报告

试验报告应包括以下内容：①石灰来源；②试验方法名称；③单个试验结果；④试验结果平均值。

【提示】

1）取样时，若是消石灰，用四分法缩至10g左右研细得到，而不是通过0.15mm筛得到。

2）蔗糖要迅速覆盖试样，以防试样被碳化。

2. 石灰氧化镁测定方法

(1) 适用范围

本方法适用于测定各种石灰的总氧化镁含量。

(2) 主要仪器设备

1）方孔筛：0.15mm，1个。方孔筛式样如图2-7所示。

图2-7　方孔筛

2）分析天平：量程不小于50g，感量0.0001g，1台。

3）电子天平：量程不小于500g，感量0.01g，1台。

4）具塞三角瓶：250mL，20个，如图2-8所示。

5）三角瓶：300mL，10个。

6）试剂瓶：250、1000mL，各5个。

7）滴瓶：60mL，3个。

8）酸滴定管：50mL，2支。

图 2-8　具塞三角瓶

9）滴定台及滴定管夹：各1套。

10）大肚移液管：25、50mL，各1支。

（3）试剂

1）1∶10 盐酸：将 1 体积盐酸（相对密度 1.19）以 10 体积蒸馏水稀释。

2）氢氧化铵-氯化铵缓冲溶液：将 67.5g 氯化铵溶于 300mL 无二氧化碳蒸馏水中，加浓氢氧化铵（氨水）（相对密度为 0.90）570mL，然后用水稀释至 1000mL。

3）酸性铬兰 K-萘酚绿 B（1∶2.5）混合指示剂：称取 0.3g 酸性铬兰 K 和 0.75g 萘酚绿 B 与 50g 已在 105℃烘干的硝酸钾混合研细，保存于棕色广口瓶中。

4）EDTA 二钠标准溶液：将 10g 的 EDTA 二钠溶于 40～50℃蒸馏水中，待全部溶解并冷却至室温后，用水稀释至 1000mL。

5）氧化钙标准溶液：精确称取 1.7848g 在 105℃烘干（2h）的碳酸钙（优级纯），置于 250mL 烧杯中，盖上表面皿，从杯嘴缓慢滴加 1∶10 盐酸 100mL，加热溶解，待溶液冷却后，移入 1000mL 的容量瓶中，用新煮沸冷却后的蒸馏水稀释至刻度摇匀。此溶液每毫升的 Ca^{2+} 含量相当于 1mg 氧化钙的 Ca^{2+} 含量。

6）20%的氢氧化钠溶液：将 20g 氢氧化钠溶于 80mL 蒸馏水中。

7）钙指示剂：将 0.2g 钙试剂羧酸钠和 20g 已在 105℃烘干的硫酸钾混合研细，保存于棕色广口瓶中。

8）10%酒石酸钾钠溶液：将 10g 酒石酸钾钠溶于 90mL 蒸馏水中。

9）三乙醇胺（1∶2）溶液：将 1 体积三乙醇胺以 2 体积蒸馏水稀释摇匀。

（4）EDTA 二钠标准溶液与氧化钙和氧化镁关系的标定

1）精确吸取 V_1=50mL 氧化钙标准溶液放于 300mL 三角瓶中，用水稀释至 100mL 左右，然后加入钙指示剂约 0.2g，以 20%氢氧化钠溶液调整溶液碱度到出现酒红色，再过量加 3～4mL，然后以 EDTA 二钠标准溶液滴定，至溶液由酒红色变成纯蓝色时为止，记录 EDTA 二钠标准溶液体积 V_2。

2）EDTA 二钠标准溶液对氧化钙的滴定度按式（2-3）计算。

$$T_{CaO} = CV_1/V_2 \tag{2-3}$$

式中　T_{CaO}——EDTA 二钠标准溶液对氧化钙的滴定度，即 1mL 的 EDTA 二钠标准溶液相当于氧化钙的毫克数；

C——1mL 氧化钙标准溶液含有氧化钙的毫克数，等于 1；

V_1——吸取氧化钙标准溶液的体积（mL）；

V_2——消耗 EDTA 二钠标准溶液的体积（mL）。

3）EDTA 二钠标准溶液对氧化镁的滴定度（T_{MgO}），即 1mL EDTA 二钠标准溶液相当于氧化镁的毫克数，按式（2-4）计算。

$$T_{MgO}=T_{CaO}\times\frac{40.31}{56.08}=0.72T_{CaO} \tag{2-4}$$

(5) 准备试样

1) 生石灰试样：将生石灰样品打碎，使颗粒不大于 1.18mm。拌合均匀后用四分法缩减至 200g 左右，放入瓷研钵中研细。再经四分法缩减至 20g 左右。研磨所得石灰样品，通过 0.15mm（方孔筛）的筛。从该细样中均匀挑取 10 余克，置于称量瓶中在 105℃烘箱内烘至恒量，储于干燥器中，供试验用。

2) 消石灰试样：将消石灰样品用四分法缩减至 10 余克。如有大颗粒存在，须在瓷研钵中磨细至无不均匀颗粒存在为止。置于称量瓶中在 105℃烘箱内烘至衡量，储于干燥器中，供试验用。

(6) 试验步骤

1) 称取约 0.5g（精确至 0.0001g）石灰试样，并记录试样质量 m，放入 250mL 烧杯中，用水湿润，加 1∶10 的盐酸 30mL，用表面皿盖住烧杯，加热至微沸，并保持微沸 8～10min。

2) 用水把表面皿洗净，冷却后把烧杯内的沉淀及溶液移入 250mL 容量瓶中，加水至刻度摇匀。

3) 待溶液沉淀后，用移液管吸取 25mL 溶液，放入 250mL 三角瓶中，加 50mL 水稀释后，加酒石酸钾钠溶液 1mL、三乙醇胺溶液 5mL，再加入铵-铵缓冲溶液 10mL（此时待测溶液的 pH=10）、酸性铬兰 K-萘酚绿 B 指示剂约 0.1g。记录滴定管中初始 EDTA 二钠标准溶液体积 V_5，用 EDTA 二钠标准溶液滴定，至溶液由酒红色变为纯蓝色时为止，记录滴定管中 EDTA 二钠标准溶液的体积 V_6。V_5、V_6 的差值即为滴定钙镁含量的EDTA二钠标准溶液的消耗量 V_3。

4) 再从第 2) 步骤的容量瓶中，用移液管吸取 25mL 溶液，置于 300mL 三角瓶中，加水 150mL 稀释后，加三乙醇胺溶液 5mL 及 20%氢氧化钠溶液 5mL（此时待测溶液的 pH≥12），放入约 0.2g 钙指示剂。记录滴定管中初始EDTA二钠标准溶液体积 V_7，用 EDTA 二钠标准溶液滴定，至溶液由酒红色变为蓝色为止，如图 2-9 所示。记录滴定管中 EDTA 二钠标准溶液的体积 V_8。V_7、V_8 的差值即为滴定钙离子的EDTA二钠标准溶液的消耗量 V_4。

图 2-9　溶液由酒红色变为蓝色

(7) 计算

氧化镁的含量按式（2-5）计算。

$$X=\frac{T_{MgO}(V_3-V_4)\times 10}{m\times 1000}\times 100 \tag{2-5}$$

式中　X——氧化镁的含量（%）；

T_{MgO}——EDTA 二钠标准溶液对氧化镁的滴定度；

V_3——滴定钙镁含量消耗 EDTA 二钠标准溶液的体积（mL）；

V_4——滴定钙消耗 EDTA 二钠标准溶液的体积（mL）；

10——总溶液对分取溶液的体积倍数；

m——试样质量（g）。

（8）结果整理

同一石灰样品至少做两个试样，进行两次测定，读数精确至 0.1mL。取两次测定结果平均值作为最终结果。

（9）报告

试验报告应包括以下内容：①石灰来源；②试验方法名称；③单个试验结果；④试验结果平均值。

【提示】

用 EDTA 二钠标准溶液滴定时，V_3 或 V_4 的滴定速度宜为 2～3 滴/s，不宜过快。滴定 V_3 或 V_4 时，有时溶液会由原来的酒红色变蓝色后又复现酒红色，因没有达到滴定终点，此时应继续滴定。

【知识链接】

（1）石灰有效氧化钙测定原理：本试验是根据石灰活性氧化钙与蔗糖化合而成水溶性的蔗糖，而石灰中其他非活性的钙盐不与蔗糖作用，氧化镁与蔗糖反应缓慢的原理，应用此不同的反应条件，采用中和滴定法，用已知浓度的盐酸进行滴定，达到滴定终点时，按盐酸消耗量计算出有效氧化钙的含量。

（2）石灰氧化镁测定原理：该试验是利用 EDTA 在 pH＝10 左右的溶液中能与钙镁完全结合的原理，测出镁钙总含量，再利用 EDTA 在 pH≥12 的溶液中只与钙离子结合的原理，测出钙含量，两者之差即为镁的含量。

【工程检验控制实例】

1. 质量检验

某道路工程采用石灰土底基层，根据《公路路面基层施工技术规范》JTJ 034—2000 应对石灰的有效钙加氧化镁含量进行检测。试验检测记录和试验报告见表 2-1 和表 2-2。

石灰试验记录　　表 2-1

试样编号	201300044	设备名称及型号编号	天平：FA1104N　15 号 烘箱：DDG-101-1　18 号
石灰种类及产地	生石灰，易县	试验依据	JTG E51—2009
取样地点	现场	试验日期	—

石灰有效氧化钙测定记录表

盐酸标准溶液消耗量 V（ml）	1	2	平均摩尔浓度 M（mol/L）	0.5398
	31.4	31.4		

续表

石灰质量（g）	滴定管中盐酸量		盐酸标准耗量 V_3（ml）	有效氧化钙含量 X（%）	平均 X（%）
	V_1（ml）	V_2（ml）			
0.5001	50.0	27.0	23.0	69.512	69.7
0.5002	27.0	3.9	23.1	69.801	

石灰氧化镁测定记录表

项目		试样1	试样2
试样质量（g）		0.5000	0.5003
氧化钙溶液的体积 V_1（ml）		50.0	50.0
EDTA 二钠标准溶液消耗量 V_2（ml）		33.4	33.4
EDTA 二钠标准溶液对 CaO 的滴定度 T_{CaO}		1.497	1.497
EDTA 二钠标准溶液对 MgO 滴定度 T_{MgO}		1.078	1.078
EDTA 二钠标准溶液消耗量（ml）	滴定钙镁含量 V_3	23.9	23.9
	滴定钙 V_4	22.2	22.3
氧化镁含量 X（%）		3.665	3.448
平均 X（%）		3.6	
有效氧化钙和氧化镁总含量（%）		73.3	
结论		按《公路路面基层施工技术规范》JTJ 034—2000 评定，该石灰属于钙质生石灰，有效钙加氧化镁含量符合Ⅲ级品指标	

审核：____　　计算：____　　试验：____

石灰钙镁含量试验报告　　**表 2-2**

<table>
<tr><td>委托单位</td><td colspan="6">—</td><td colspan="3">工程名称及部位</td><td colspan="4">—</td></tr>
<tr><td>检验编号</td><td colspan="6">种类名称</td><td colspan="3">产地</td><td colspan="4">进场日期</td></tr>
<tr><td></td><td colspan="6">生石灰</td><td colspan="3">易县</td><td colspan="4"></td></tr>
<tr><td>代表数量</td><td colspan="3">来样日期</td><td colspan="3">检验日期</td><td colspan="3">检验依据</td><td colspan="2">检验条件</td><td colspan="2">检验设备</td></tr>
<tr><td>—</td><td colspan="3">—</td><td colspan="3">—</td><td colspan="3">JTG E51—2009</td><td colspan="2">室温（℃）：20</td><td colspan="2">天平 15 号　烘箱 18 号</td></tr>
<tr><td rowspan="2">检验项目</td><td colspan="12">标准要求</td><td rowspan="2">检验结果</td></tr>
<tr><td colspan="3">钙质生石灰</td><td colspan="3">镁质生石灰</td><td colspan="3">钙质消石灰</td><td colspan="3">镁质消石灰</td></tr>
<tr><td rowspan="3">有效钙加氧化镁含量（%）</td><td colspan="12">等级</td><td rowspan="3">73.3</td></tr>
<tr><td>Ⅰ</td><td>Ⅱ</td><td>Ⅲ</td><td>Ⅰ</td><td>Ⅱ</td><td>Ⅲ</td><td>Ⅰ</td><td>Ⅱ</td><td>Ⅲ</td><td>Ⅰ</td><td>Ⅱ</td><td>Ⅲ</td></tr>
<tr><td>85</td><td>80</td><td>70</td><td>80</td><td>75</td><td>65</td><td>65</td><td>60</td><td>55</td><td>60</td><td>55</td><td>50</td></tr>
<tr><td>氧化镁含量（%）</td><td colspan="12">钙质生石灰≤5　镁质生石灰＞5</td><td>3.6</td></tr>
<tr><td>有效氧化钙含量（%）</td><td colspan="12">—</td><td>—</td></tr>
<tr><td>细度（%）　0.71mm 筛的筛余不大于</td><td colspan="12">—</td><td>—</td></tr>
<tr><td>细度（%）　0.125mm 筛的筛余不大于</td><td colspan="12">—</td><td>—</td></tr>
<tr><td>结论</td><td colspan="13">按《公路路面基层施工技术规范》JTJ 034—2000 评定，该石灰属于钙质生石灰，氧化钙加氧化镁含量符合Ⅲ级品指标</td></tr>
<tr><td>备注</td><td colspan="13">样品描述：白色粉末状</td></tr>
<tr><td colspan="4">检验单位（盖章）</td><td colspan="3">批准</td><td colspan="4">审核</td><td colspan="3">试验</td></tr>
<tr><td colspan="4"></td><td colspan="3">—</td><td colspan="4">—</td><td colspan="3">—</td></tr>
<tr><td>注意事项</td><td colspan="13">1. 试验报告未加盖“试验报告专用章”无效。2. 复制报告未重新加盖“试验报告专用章”无效。3. 试验报告无试验、审核、批准人签字无效。4. 委托检验仅对来样负责。见证试验另加盖见证章。5. 对试验结论有异议，应收到试验报告之日起 15 日内向试验单位提出，逾期不予受理</td></tr>
</table>

2. 质量控制结论

从现场取得的石灰试样经检验，活性氧化钙加氧化镁含量符合《公路路面基层施工技术规范》的要求，施工现场可以使用该批石灰。

任务 2.2 水泥或石灰稳定土中石灰、水泥的剂量

【任务描述】

某道路工程的基层材料采用石灰（或水泥）稳定土。在施工过程中，施工质量控制的关键是对石灰（或水泥）稳定土中石灰（或水泥）剂量的控制。现对施工现场的石灰（或水泥）稳定土进行石灰（或水泥）剂量的检测，以控制施工质量。

【学习支持】

1. 试验检验依据：《公路工程无机结合料稳定材料试验规程》JTG E51—2009

质量控制依据：《公路路面基层施工技术规范》JTJ 034—2000

2. 基本概念

含水量（%）是水的质量与材料干质量之比。

石灰剂量（%）是干石灰质量与干土质量之比。

3. 石灰土施工的质量控制要点

（1）外观控制要求

1）表面平整密实、无坑洼。不符合要求时，每处减 1～2 分。

2）施工接茬平整、稳定。不符合要求时，每处减 1～2 分。

（2）实测项目控制要求

石灰土基层和底基层实测项目见表 2-3。

石灰土基层和底基层实测项目 表 2-3

<table>
<tr><th rowspan="3">项次</th><th rowspan="3" colspan="2">检查项目</th><th colspan="4">规定值或允许偏差</th><th rowspan="3">检查方法和频率</th><th rowspan="3">权值</th></tr>
<tr><th colspan="2">基层</th><th colspan="2">底基层</th></tr>
<tr><th>高速公路
一级公路</th><th>其他公路</th><th>高速公路
一级公路</th><th>其他公路</th></tr>
<tr><td rowspan="2">1△</td><td rowspan="2">压实度（%）</td><td>代表值</td><td>—</td><td>95</td><td>95</td><td>93</td><td rowspan="2">按路基、路面压实度评定检查，每 200m 每车道 2 处</td><td rowspan="2">3</td></tr>
<tr><td>极值</td><td>—</td><td>91</td><td>91</td><td>89</td></tr>
<tr><td>2</td><td colspan="2">平整度（mm）</td><td>—</td><td>12</td><td>12</td><td>15</td><td>3m 直尺：每 200m 测 2 处×10 尺</td><td>2</td></tr>
<tr><td>3</td><td colspan="2">纵断高程（mm）</td><td>—</td><td>+5，−15</td><td>+5，−15</td><td>+5，−20</td><td>水准仪：每 200m 测 4 个断面</td><td>1</td></tr>
<tr><td>4</td><td colspan="2">宽度（mm）</td><td colspan="2">不小于设计</td><td colspan="2">不小于设计</td><td>尺量：每 200m 测 4 个断面</td><td>1</td></tr>
<tr><td rowspan="2">5△</td><td rowspan="2">厚度（mm）</td><td>代表值</td><td>—</td><td>−10</td><td>−10</td><td>−12</td><td rowspan="2">按路面结构层厚度评定检查，每 200m 每车道 1 点</td><td rowspan="2">2</td></tr>
<tr><td>合格值</td><td>—</td><td>−20</td><td>−25</td><td>−30</td></tr>
</table>

续表

项次	检查项目	规定值或允许偏差				检查方法和频率	权值
		基层		底基层			
		高速公路一级公路	其他公路	高速公路一级公路	其他公路		
6	横坡（%）	—	±0.5	±0.3	±0.5	水准仪：每 200m 测 4 个断面	1
7Δ	强度（MPa）	符合设计要求		符合设计要求		按半刚性基层和底基层材料强度评定检查	3

注：标注“Δ”的项目为关键项目，即涉及结构安全和使用功能的重要实测项目。

4. 试验的适用范围

本试验方法适用于在工地快速测定水泥和石灰稳定土中水泥和石灰的剂量，并可用以检查拌合的均匀性，也可以用来测定水泥和石灰综合稳定土中结合料的剂量。

【任务实施】

1. 仪器设备

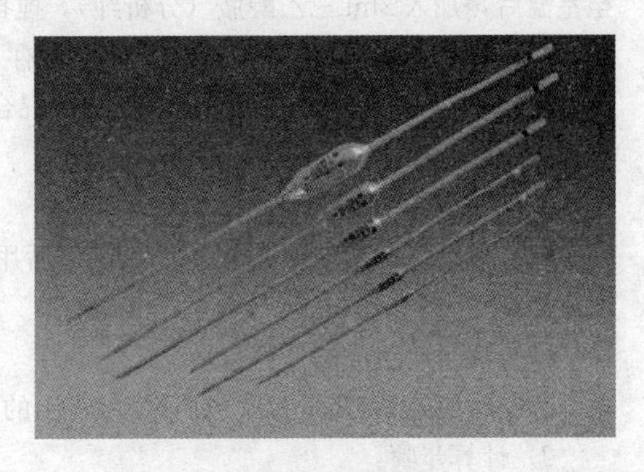

图 2-10　大肚移液管

（1）滴定管（酸式）50mL：1 支。

（2）滴定台：1 个。

（3）滴定管夹：1 个。

（4）大肚移液管：10mL，10 支，如图 2-10 所示。

（5）锥形瓶（即三角瓶）：200mL，20 个。

（6）烧杯：2000mL（或 1000mL），1 只；300mL，10 只。

（7）容量瓶：1000mL，1 个。

（8）搪瓷杯：容量大于 1200mL，10 只。

（9）不锈钢棒（或粗玻璃棒）：10 根。

（10）量筒：100mL 和 5mL，各 1 只；50mL，2 只。

（11）棕色广口瓶：60mL，1 只（装钙红指示剂）。

（12）电子天平：量程不小于 1500g，感量 0.01g。

（13）秒表：1 只。

（14）表面皿：ϕ9cm，10 个。

（15）研钵：ϕ12～13cm，1 个，如图 2-11 所示。

（16）洗耳球：1 个。

（17）精密试纸：pH12～14。

（18）聚乙烯桶：20L，1 个（装蒸馏水）；10L，2 个（装氯化铵及 EDTA 二钠标准液）；5L，1 个（装氢氧化钠）。

（19）毛刷、去污粉、吸水管、塑料勺、特种铅笔、厘米纸。

图 2-11　磁研钵

（20）洗瓶（塑料）：500mL，1只。

2. 试剂

（1）0.1mol/m³ 乙二胺四乙酸二钠（简称EDTA二钠）标准液：准确称取EDTA二钠（分析纯）37.23g，用40～50℃的无二氧化碳蒸馏水溶解，待全部溶解并冷至室温后，定容至1000mL。

（2）10%氯化铵（NH_4Cl）溶液：将500g氯化铵（分析纯或化学纯）放在10L的聚乙烯桶内，加蒸馏水4500mL，充分振荡，使氯化铵完全溶解。也可以分批在1000mL的烧杯内配制，然后倒入塑料桶内摇匀。

（3）1.8%氢氧化钠（内含三乙醇胺）溶液：用电子天平称18g氢氧化钠（NaOH）（分析纯），放入洁净干燥的1000mL烧杯中，加1000mL蒸馏水使其全部溶解，待溶液冷至室温后，加入2ml三乙醇胺（分析纯），搅拌均匀后储于塑料桶中。

（4）钙红指示剂：将0.2g钙试剂羟酸钠（分子式$C_{21}H_{13}N_2NaO_7S$，分子量460.39）与20g预先在105℃烘箱中烘1h的硫酸钾混合。一起放入研钵中，研成极细粉末，储于广口瓶中以防吸潮。

3. 准备标准曲线

（1）取样：取工地用石灰和土，风干后用烘干法测其含水量（如为水泥可假定其含水量为0）。

（2）混合料组成的计算

1）公式：干料质量=湿料质量/(1+土的含水量)

2）计算步骤：

① 干混合料质量=湿混合料质量/(1+最佳含水量)

② 干土质量=干混合料质量/(1+石灰或水泥剂量)

③ 干石灰或水泥质量=干混合料质量－干土质量

④ 湿土质量=干土质量×(1+土的风干含水量)

⑤ 湿石灰质量=干石灰×(1+石灰的风干含水量)

⑥ 石灰土中应加入的水=湿混合料质量－湿土质量－湿石灰质量

（3）准备5种试样，每种2个样品（以4%水泥稳定细粒土为例），具体如下：

1种：称2份300g细粒土分别放在2个搪瓷杯内，细粒土的含水量应等于工地预期达到的最佳含水量。细粒土中所加的水应与工地所用的水相同（300g为湿质量）。

2种：准备2份水泥剂量为2%的水泥土混合料试样，每份均重300g，并分别放在2个搪瓷杯内。水泥土混合料的含水量应等于工地预期达到的最佳含水量。混合料中所加的水应与工地所用的水相同。

3种、4种、5种：各准备2份水泥剂量分别为4%、6%、8%的水泥土混合料试样，每份均重300g，并分别放在6个搪瓷杯内，其他要求同1种。在此，准备标准曲线的水泥剂量为0、2%、4%、6%和8%，实际工作中应使工地实际所用水泥或石灰的剂量位于

准备标准曲线时所用剂量的中间值。

(4) 取一个盛有试样的搪瓷杯，在杯内加600mL10%氯化铵溶液，用不锈钢搅拌棒充分搅拌3min（每分钟搅110～120次）。如水泥（或石灰）土混合料中的土是细粒土，也可以用1000mL具塞三角瓶代替搪瓷杯，手握三角瓶（瓶口向上）用力振荡3min（每分钟120±5次），以代替搅拌棒搅拌。放置沉淀10min，然后将上部清液转移到300mL烧杯内，搅匀，加盖表面皿待测。如10min后得到的是混浊悬浮液，则应增加放置沉淀时间，直到出现澄清悬浮液为止，并记录所需的时间，以后所有该种水泥（或石灰）土混合料的试验，均应以同一时间为准。

(5) 用移液管吸取上层（液面下1～2cm）悬浮液10.0mL放入200mL的三角瓶内，用量筒量取50mL 1.8%氢氧化钠（内含三乙醇胺）溶液倒入三角瓶中，此时溶液pH值为12.5～13.0（可用pH12～14精密试纸检验），然后加入钙红指示剂（质量约为0.2g），摇匀，溶液呈玫瑰红色。用EDTA二钠标准液滴定到纯蓝色为终点，记录EDTA二钠的耗量（以mL计，读至0.1mL）。

(6) 对其他几个搪瓷杯中的试样，用同样的方法进行试验，并记录各自的EDTA二钠的耗量。

(7) 以同一水泥或石灰剂量混合料消耗EDTA二钠毫升数的平均值为纵坐标，以水泥或石灰剂量（%）为横坐标制图。两者的关系应是一条顺滑的曲线，如图2-12所示。如素土水泥或石灰改变，必须重做标准曲线。标准曲线图如图2-12所示。

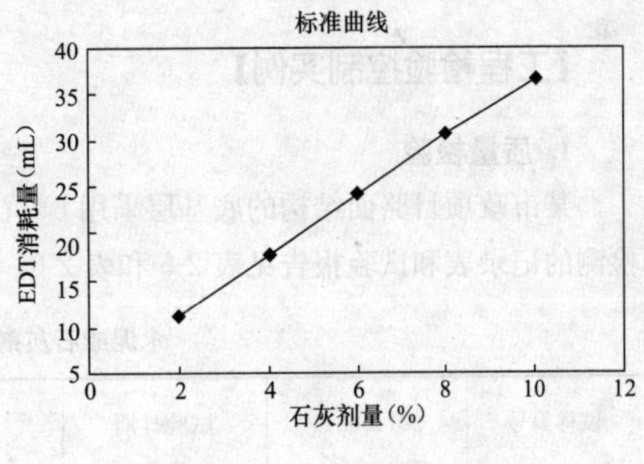

图2-12　EDTA标准曲线

4. 试验步骤

(1) 选取有代表性的无机结合料稳定材料，对稳定中、粗粒土取试样约3000g，对稳定细粒土取试样约1000g。

(2) 对水泥土或石灰稳定细粒土，称300g放在搪瓷杯中，用搅拌棒将结块搅散，加600mL10%氯化铵溶液，对水泥或石灰稳定中、粗粒土，可直接称取约1000g，放入10%氯化铵溶液2000mL，然后如前述步骤进行试验。

(3) 利用所绘制的标准曲线，根据所消耗的EDTA二钠毫升数，确定混合料中的水泥或石灰剂量。

5. 结果整理

本试验应进行两次平行测定，取算术平均值，精确至0.1mL。

6. 报告

报告应包括以下内容：无机结合料稳定材料名称；试验方法名称；试验数量n；试验结果最小值和最大值；试验结果平均值；试验结果标准差S；试验结果偏差系数C_v。

【提示】

1. 每个样品搅拌的时间、速度和方式力求相同，以增加试验的精度。

2. 做标准曲线时，如工地实际水泥剂量较大，素集料和低剂量水泥的试样可以不做，而直接用较高的剂量做试验，但应有两种剂量大于实际剂量，以及两种剂量小于实用剂量。

3. 配置的氯化铵溶液最好当天用完，不要放置过久，以免影响试验的精度。

【知识链接】

不同土样的石灰土混合料石灰剂量参考值　　表 2-4

结构层	土类	石灰剂量（%）
基层	砂砾土和碎石土	3，4，5，6，7
	塑性指数小于 12 的黏性土	10，12，13，14，16
	塑性指数大于 12 的黏性土	5，7，9，11，13
底基层	塑性指数小于 12 的黏性土	8，10，11，12，14
	塑性指数大于 12 的黏性土	5，7，8，9，11

【工程检验控制实例】

1. 质量检验

某市政项目路面结构的底基层采用 6%石灰土。施工中要对石灰剂量进行检测，试验检测的记录表和试验报告见表 2-5 和表 2-6。

水泥或石灰剂量测定记录表　　表 2-5

试样编号	201400811	试验日期	—	试验依据	JTG E51—2009 T0809—2009
结构层名称	石灰土底基层	稳定剂种类	6%灰土	设备名称及编号、型号	天平：JA61001　16 号 滴定管：50mL 量筒：100mL

标准曲线试验记录

平行试样	1			2			平均 EDTA＝钠标准溶液消耗量（mL）
剂量	V_1（mL）	V_2（mL）	EDTA＝钠标准溶液消耗量（mL）	V_1（mL）	V_2（mL）	EDTA＝钠标准溶液消耗量（mL）	
2	50.0	39.0	11.0	50.0	38.6	11.4	11.2
4	50.0	32.5	17.5	50.0	32.3	17.7	17.6
6	50.0	26.0	24.0	50.0	25.6	24.4	24.2
8	50.0	19.5	30.5	50.0	19.3	30.7	30.6
10	50.0	13.5	36.5	50.0	13.3	36.7	36.6

水泥或石灰剂量测定实际记录表

试验日期	取样部位	试样编号	V_1（mL）	V_2（mL）	EDTA 二钠标准溶液消耗量（mL）	结合料剂量（%）	平均值（%）
—	道路	201400824	50.0	26.2	23.8	5.9	6.0
		—	50.0	26.0	24.0	6.0	
结论	配比（%）为石灰：土＝6：94，该试样石灰土含石灰剂量符合设计要求						

石灰（水泥）剂量试验报告　　表 2-6

试验单位（盖章）					委托单位	某市政工程有限公司	
工程名称		某市政项目			试验编号	201400811	
日期	取样部位	设计要求（%）	石灰或水泥稳定土试样质量（g）	滴定石灰或水泥所消耗 EDTA 数量（mL）	直读式测定仪测定石灰或水泥剂量（%）	实测含灰量（%）	
						查标准曲线剂量	平均值
—	道路	6（−1）	300	23.8	—	5.9	6.0
	道路	6（−1）	300	24.0	—	6.0	

标准曲线记录　　试验日期：—

试样编号	1	2	3	4	5	6	7
结合料剂量（%）	2	4	6	8	10	—	—
EDTA 耗量（mL）	11.2	17.6	24.2	30.6	36.6	—	—
直读式测试量（%）	—	—	—	—	—	—	—

结论	经《公路路面基层施工技术规范》JTJ 034—2000 标准评定，该样品所检测项目试验结果符合标准要求	标准曲线（纵轴：EDT消耗量（mL），5~40；横轴：石灰剂量（%），0~12）
备注	样品状态描述：材料均匀无杂质。使用部位：道路 配比（%）　石灰：土＝6∶94 见证单位：某建设工程监理有限公司 见证人：××× 抽样单位：某市政工程有限公司　抽样人：×××	

试验技术负责人	—	审核	—	试验	—

2. 质量控制结论

现场取得的石灰土中石灰剂量满足设计以及施工规范的要求，可以进行下面的工序。

任务 2.3　无机结合料稳定类材料的无侧限抗压强度

【任务描述】

某道路工程基层材料为石灰粉煤灰稳定土（属于无机结合料稳定材料），根据《公路路面基层施工技术规范》JTJ 034—2000 的规定，石灰粉煤灰稳定土的强度必须达到 0.6MPa。现对石灰粉煤灰稳定土材料进行无侧限抗压强度的检测，以控制施工质量。

【学习支持】

1. 试验检验依据：《公路工程无机结合料稳定材料试验规程》JTG E51—2009

质量控制依据：《公路路面基层施工技术规范》JTJ 034—2000

2. 基本概念

抗压强度：试件单位面积上所能承受的最大压力。

标准养生方法：指无机结合料稳定材料在规定的标准温度和湿度环境下强度增长的过程。

3. 石灰、粉煤灰稳定土基层和底基层的施工质量控制要点。

（1）基本要求

1）土质应符合设计要求，土块要粉碎。

2）石灰和粉煤灰质量应符合设计要求，石灰须经充分消解才能使用。

3）混合料配合比应准确，不得含有灰团和生石灰块。

4）碾压时应先用轻型压路机稳压，后用重型压路机碾压至要求的压实度。

5）保湿养生，养生期要符合规范要求。

（2）施工后外观控制要求

1）表面平整密实、无坑洼。不符合要求时，每处减1～2分。

2）施工接茬平整、稳定。不符合要求时，每处减1～2分。

（3）实测项目控制要求

石灰、粉煤灰稳定土基层和底基层实测项目见表2-7。

石灰、粉煤灰稳定土基层和底基层实测项目 **表2-7**

项次	检查项目		规定值或允许偏差				检查方法和频率	权值
			基层		底基层			
			高速公路一级公路	其他公路	高速公路一级公路	其他公路		
1Δ	压实度（%）	代表值	—	95	95	93	按路基、路面压实度评定检查，每200m每车道2处	3
		极值	—	91	91	89		
2	平整度（mm）		—	12	12	15	3m直尺：每200m测2处×10尺	2
3	纵断高程（mm）		—	+5，−15	+5，−15	+5，−20	水准仪：每200m测4个断面	1
4	宽度（mm）		不小于设计		不小于设计		尺量：每200m测4个断面	1
5Δ	厚度（mm）	代表值	—	−10	−10	−12	按路面结构层厚度评定检查，每200m每车道1点	2
		合格值	—	−20	−25	−30		
6	横坡（%）		—	±0.5	±0.3	±0.5	水准仪：每200m测4个断面	1
7Δ	强度（MPa）		符合设计要求		符合设计要求		按半刚性基层和底基层材料强度评定检查	3

注：标注“Δ”的项目为关键项目，即涉及结构安全和使用功能的重要实测项目。

【任务实施】

1. 无侧限抗压强度检验时仪器设备的选择

（1）方孔筛：孔径53、37.5、31.5、26.5、4.75mm和2.36mm的筛各1个。

（2）试模：适用于下列不同土的试模尺寸为：

细粒土：试模的直径×高＝ϕ50mm×50mm；

中粒土：试模的直径×高＝ϕ100mm×100mm；

粗粒土：试模的直径×高＝ϕ150mm×150mm。

试模如图 2-13 所示。

（3）电动脱模器（图 2-14）

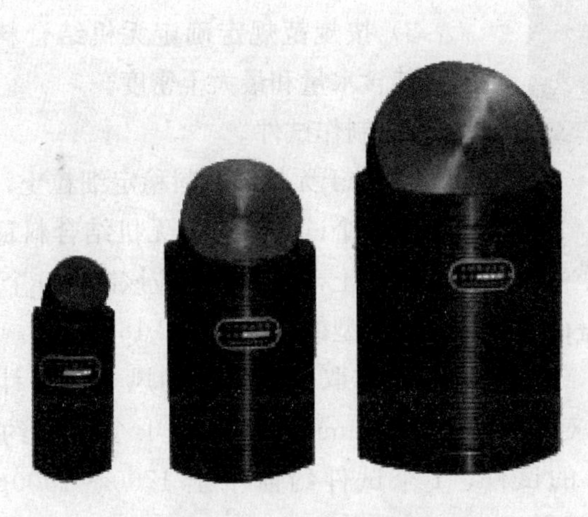

图 2-13 无侧限抗压模

图 2-14 脱模器

（4）反力框架：规格为 400kN 以上。

（5）液压千斤顶（200～1000kN）。

（6）钢板尺：量程 200mm 或 300mm，最小刻度 1mm。

（7）游标卡尺：量程 200mm 或 300mm。

（8）标准养护室。

（9）水槽：深度应大于试件高度 50mm。

（10）路面材料强度试验仪或其他合适的压力机或万能试验机，如图 2-15 所示。

图 2-15 微机控制全自动压力试验机

（11）电子天平：量程 15kg，感量 0.1g；量程 4000g，感量 0.01g。

（12）量筒、拌合工具、大小铝盒、烘箱等。

（13）球形支座。

（14）机油：若干。

2. 试件制备与养护

无机结合料稳定土试件有现场取样制备和实验室内按设计配合比制备两种情况。

（1）现场检测试件准备

在现场按规定的频率取样，按工地预定达到的压实度制备试件。

（2）室内配比试件准备

1）试料准备：将具有代表性的风干试料（必要时，也可以在 50℃烘箱内烘干），用木锤和木碾捣碎，但应避免破碎粒料的原粒径。将土过筛并分类。

2）在试验的前一天，取有代表性的试料测定其风干含水量。对于细粒土，试样应不

图 2-16 石灰土强度试验检测中制备的试件

少于 100g；对于中粒土，试样应不少于 1000g；对于粗粒土，试样的质量应不少于 2000g。

3）按规范规定确定无机结合料混合料的最佳含水量和最大干密度。

4）制作试件

① 对于无机结合料稳定细粒土，至少应该制作 6 个试件；对于无机结合料稳定中粒土和粗粒土，至少分别应该制作 9 个和 13 个试件。成型的试件如图 2-16 所示。

② 称取一定数量的风干土并计算干土的质量，其数量随试件大小而变。对于 ϕ50mm×50mm 的试件，1 个试件约需干土 180～210g；对于 ϕ100mm×100mm 的试件，1 个试件约需干土 1700～1900g；对于 ϕ150mm×150mm 的试件，1 个试件约需干土 5700～6000g。

③ 将称好的土放在长方盘（约 400mm×600mm×70mm）内。向土中加水，对于细粒土（特别是黏性土）使其含水量较最佳含水量小 3%，对于中粒土和粗粒土可按最佳含水量加水（见式 2-6），对于水泥稳定类材料，加水量应比最佳含水量小 1%～2%。

将土和水拌合均匀后放在密闭容器内浸润备用。如为石灰稳定土和水泥、石灰综合稳定土，可将石灰和土一起拌匀后进行浸润。浸润时间：黏性土 12～24h，粉性土 6～8h，砂性土、砂砾土、红土砂砾、级配砂砾等可以缩短到 4h 左右；含土很少的未筛分碎石、砂砾及砂可以缩短到 2h。

$$Q_w=\left(\frac{Q_n}{1+0.01W_n}+\frac{Q_c}{1+0.01W_c}\right)\times 0.01W-\frac{Q_n}{1+0.01W_n}\times 0.01W_n-\frac{Q_c}{1+0.01W_c}\times 0.01W_c \quad (2\text{-}6)$$

式中 Q_w——混合料中应加的水量（g）；

Q_n——混合料中素土（或集料）的质量（g）；其含水量为 W_n（风干含水量）（%）；

Q_c——混合料中水泥或石灰的质量（g）；其原始含水量为 W_c（%）（水泥的 W_c 通常很小，也可以忽略不计）；

W——要求达到的混合料含水量（%）。

④ 试件成型前 1h 内，在浸润过的试料中，加入预定数量的水泥或石灰并拌合均匀。在拌合过程中，应将预留的 3%的水（对于细粒土）加入土中，使混合料的含水量达到最佳含水量。拌合均匀的加有水泥的混合料应在 1h 内按下述方法制成试件，超过 1h 的混合料应该作废。其他结合料稳定土，混合料虽不受此限，但也应尽快制成试件。

5）按预定的干密度制件，用反力框架和液压千斤顶制件。制备一个预定干密度的试件，需要的稳定土混合料数量 m_1（g）随试模的尺寸的变化而变化。计算公式见式（2-7）。

$$m_1 = \rho_{max} \cdot V \cdot (1 + w_0) \cdot K \quad (2\text{-}7)$$

式中　V——试模的体积；

w_0——稳定土混合料的最佳含水量（%）；

ρ_{max}——稳定土试件的最大干密度（g/cm^3）；

K——混合料压实度标准。

将试模配套的下垫块放入试模的下部，外露 2cm 左右。将称量的规定数量 m_1 的稳定土混合料分 2～3 次灌入试模中（利用漏斗），每次灌入后用夯棒轻轻均匀插实。如制作的是 50mm×50mm 的小试件，则可以将混合料一次倒入试模中，然后将上压柱放入试模内，应使其也外露 2cm 左右（即上下压柱露出试模外的部分应该相等）。

将整个试模（连同上下压柱）放到反力框架内的千斤顶上（千斤顶下应放一扁球座），加压直到上下压柱都压入试模为止。加荷速率为 1mm/min，维持压力 2min。

解除压力后，取下试模，移取上压柱，并放到脱模器上将试件顶出。

称试件的质量 m_2，小试件准确到 0.01g；中试件准确到 0.01g；大试件准确到 0.1g。用游标卡尺量试件的高度 h，准确到 0.1mm。

成型试件高度和质量应满足下列规定：

① 高度：小试件高度误差范围应为－0.1～0.1cm，中试件高度误差范围应为－0.1～0.15cm，大试件高度误差范围应为－0.1～0.2cm。

② 质量损失：小试件不超过 5g，中试件不超过 25g，大试件不超过 50g。

不满足成型标准的试件作为废件。

【提示】

事先在试模的内壁及上下压柱的底面涂一薄层机油。

用水泥稳定有粘结性的材料（如黏质土）时，制件后可以立即脱模；用水泥稳定无粘结性细粒土时，最好在 2～4h 后脱模；对于中、粗粒土的无机结合料稳定材料，最好在 2～6h 后脱模。

6）试件养生

试件从试模内脱出并称量后，应立即放到密封湿气箱和恒温室内进行保温保湿养生。但中试件和大试件应先用塑料薄膜覆盖。有条件时，可采用蜡封保湿养生。养生时间视需要而定，作为工地控制，通常都取 7d。

标准养生的温度为 20±2℃，标准养生的湿度≥95%。试件宜放在铁架或木架上，间距至少 10～20mm。试件表面应保持一层水膜，并避免用水直接冲淋。

养生期的最后一天，应该将试件浸泡在水中，水的深度应使水面在试件顶上约 2.5cm。在浸泡水中之前，应再次称试件的质量 m_3。

在养生期间，试件质量的损失应该符合下列规定：

小试件不超过 1g；中试件不超过 4g；大试件不超过 10g。质量损失超过此规定的试件，应该作废。

3. 试验步骤

（1）将已浸水一昼夜的试件从水中取出，用软的旧布吸去试件表面的可见自由水，

并称试件的质量 m_4。

（2）用游标卡尺量试件的高度 h，准确到 0.1mm。

（3）将试件放到路面材料强度试验仪的升降台上（台上先放一扁球座），进行抗压试验。试验过程中，并保持速率约为 1mm/min。记录试件破坏时的最大压力 P（N）。

（4）从试件内部取有代表性的样品（经过打破）测定其含水量 w_1。

4. 计算

$$R_c = \frac{P}{A} \tag{2-8}$$

式中 R_c——试件的无侧限抗压强度（MPa），计算结果保留一位小数；

P——试件破坏时的最大压力（N）；

A——试件的截面积（mm^2），$A=\pi D^2/4$；

D——试件的直径，（mm）。

5. 精密度或允许误差

若干次平行试验的偏差系数 C_v（%）应符合下列规定：

小试件不大于 6%；

中试件不大于 10%；

大试件不大于 15%。

6. 报告应包括以下内容

（1）材料的颗粒组成；

（2）水泥的种类和标号或石灰的等级；

（3）重型击实的最佳含水量（%）和最大干密度（g/cm^3）；

（4）水泥或石灰剂量（%），石灰（或水泥）、粉煤灰和集料的比例；

（5）试件干密度（准确到 0.001g/cm^3）或压实度；

（6）吸水量以及测抗压强度时的含水量（%）；

（7）抗压强度：保留 1 位小数；

（8）若干个试验结果的最小值和最大值、平均值 $\overline{R}_c$、标准差 S、偏差系数 C_v 和 95% 概率的值 $R_{c0.95}$（$R_{c0.95}=\overline{R}_c-1.645S$）。

【知识链接】

压力机的选择：根据试验材料的类型和一般工程经验，选择合适量程的测力计和压力机，试件破坏荷载应大于测力量程的 20%且小于测力量程的 80%。球形支座和上下顶板涂上机油，使球形支座能够灵活转动。

【工程检验控制实例】

1. 质量检验

某道路排水工程基层采用石灰粉煤灰稳定土（石灰∶粉煤灰∶土＝12∶35∶53）材料。设计强度为 0.6MPa，现从施工现场取样对石灰粉煤灰稳定土的强度进行检测，检测记录和检测报告见表 2-8 和表 2-9。

稳定材料圆柱形试件试验记录表 　　　　表 2-8

稳定材料圆柱形试件成型记录表

试验编号	201403271	混合料名称	二灰土	试验依据	JTG E51—2009
土质类型	黏性土	结合料类型及剂量（%）	石灰：粉煤灰：土＝12：35：53	成型日期	2014.03.27
最大干密度（g/cm³）	1.510		试件压实度（%）	98	
最佳含水率（%）	21.5		试件标准质量（g）	171.15	
设备名称及编号	方孔筛：53、31.5、26.5、4.75、2.36mm 各1支，钢板尺，游标卡尺，电子天平				

编号	直径（mm）				高度（mm）				质量（g）	误差（g）
	1	2	3	平均	1	2	3	平均		
1	50	50	50	50	50.0	50.0	50.0	50.0	171.36	0.21
2	50	50	50	50	50.0	50.0	50.0	50.0	170.58	0.59
3	50	50	50	50	50.0	50.0	50.0	50.0	171.33	0.18
4	50	50	50	50	50.0	50.0	50.0	50.0	170.74	0.41
5	50	50	50	50	50.0	50.0	50.0	50.0	171.82	0.67
6	50	50	50	50	50.0	50.0	50.0	50.0	171.59	0.44

稳定材料圆柱形试件养生记录表

养生开始日期　2014.03.27　养生温度（%）　21.8℃　养生湿度（%）　96.3　饱水日期　2014.04.02

仪器设备：　标准养护室：温度：20±2℃，相对湿度：≥95%

饱水前质量和尺寸

编号	直径（mm）				高度（mm）				质量（g）	误差（g）
	1	2	3	平均	1	2	3	平均		
1	50	50	50	50	50.0	50.0	50.0	50.0	170.56	0.80
2	50	50	50	50	50.0	50.0	50.0	50.0	170.21	0.37
3	50	50	50	50	50.0	50.0	50.0	50.0	170.98	0.35
4	50	50	50	50	50.0	50.0	50.0	50.0	170.32	0.42
5	50	50	50	50	50.0	50.0	50.0	50.0	171.67	0.35
6	50	50	50	50	50.0	50.0	50.0	50.0	171.22	0.37
饱水后质量和尺寸										
1	50	50	50	50	50.0	51.0	51.0	50.7	176.98	6.42
2	50	50	50	50	51.0	51.0	51.0	50.7	176.84	6.63
3	50	50	50	50	51.0	50.0	50.0	50.3	176.25	5.27
4	50	50	50	50	50.0	50.0	50.0	50.3	176.77	6.45
5	50	50	50	50	50.0	51.0	51.0	50.7	177.33	5.86
6	50	50	50	50	51.0	51.0	51.0	50.7	178.12	6.90
审核	—			计算	—		试验	—		

稳定土类无侧限抗压强度试验报告 　　　　表 2-9

施工单位	—		施工部位	道路0＋260～0＋620	
制作日期	2014.03.27	试验日期	2014.04.03	试验编号	201400271
龄期（天）	7	混合料名称及配合比		石灰：粉煤灰：土＝12：35：53	
最大干密度（g/cm³）	1.510	最佳含水率（%）	21.5	试件规格（mm）	50×50

续表

试件编号	最大破坏荷载 (kN)	抗压强度		备注
		实际强度 (MPa)	平均抗压强度 (MPa)	
1	1.36	0.69	0.7	—
2	1.47	0.75		—
3	1.40	0.71		—
4	1.39	0.71		—
5	1.42	0.72		—
6	1.46	0.74		—
设计强度（MPa）	0.6		偏差系数（C_v）	3.1
结论	按《公路路面基层施工技术规范》JTJ 034—2000 评定，该样品检测项目试验结果符合标准要求		备注	样品状态描述：材料均匀，无杂质，正常可检
试验技术负责人	—	审核	—	试验 —

2. 质量控制结论

石灰粉煤灰稳定土的无侧限抗压强度经检验符合规范规定，质量合格。

任务 2.4　沥青混合料的稳定度

【任务描述】

某道路工程路面面层材料采用沥青混合料，施工现场正进行摊铺作业，如图 2-17 所示。现从现场取料，对沥青混合料进行马歇尔试验，检测流值、稳定度，确保沥青混合料的各项指标符合设计和施工规范要求。

图 2-17　沥青混合料施工现场

【学习支持】

1. 试验依据：《公路工程沥青及沥青混合料试验规程》JTG E20—2011

2. 基本概念

马歇尔稳定度：按规定条件采用马歇尔试验仪测定的沥青混合料所能承受的最大荷载，以“kN”计。

流值：沥青混合料在马歇尔试验时相应于最大荷载时试件的竖向变形，以“mm”计。

动稳定度：按规定条件进行沥青混合料车辙试验时，混合料试件变形进入稳定期后，每产生 1mm 轮辙变形试验轮所行走的次数，以“次/mm”计。

3. 试验适用范围

本方法适用于马歇尔稳定度试验和浸水马歇尔稳定度试验，以进行沥青混合料的配合比设计或沥青路面施工质量检验。

本方法适用于按规定成型的标准马歇尔试件圆柱体和大型马歇尔试件圆柱体。

4. 沥青混凝土面层施工的基本要求

（1）沥青混合料的矿料质量及矿料级配应符合设计要求和施工规范的规定。

（2）严格控制各种矿料和沥青用量及各种材料和沥青混合料的加热温度，沥青材料及混合料的各项指标应符合设计和施工规范要求。沥青混合料的生产，每日应做抽提试验、马歇尔稳定度试验。矿料级配、沥青含量、马歇尔稳定度等结果的合格率应不小于90%。

（3）拌合后的沥青混合料应均匀一致，无花白，无粗细料分离和结团成块现象。

（4）基层必须碾压密实，表面干燥、清洁、无浮土，其平整度和路拱度应符合要求。

（5）摊铺时应严格控制摊铺厚度和平整度，避免离析，注意控制摊铺和碾压温度，碾压至要求的密实度。

【任务实施】

1. 仪具与材料技术要求

（1）沥青混合料马歇尔试验仪（图 2-18）：分为自动式和手动式。自动马歇尔试验仪应具备控制装置、记录荷载-位移曲线、自动测定荷载与试件的垂直变形，能自动显示和存储或打印试验结果等功能。手动式由人工操作，试验数据通过操作者目测后读取数据。

对用于高速公路和一级公路的沥青混合料宜采用自动马歇尔试验仪。

1）当集料公称最大粒径小于或等于 26.5mm 时，宜采用 ϕ101.6mm×63.5mm 的标准马歇尔试件，试验仪最大荷载不得小于 25kN，读数准确至 0.1kN，加载速率应能保持 50±5mm/min。钢球直径 16±0.05mm，上下压头曲率半径为 50.8±0.08mm。

2）当集料公称最大粒径大于 26.5mm 时，宜采用 ϕ152.4mm×95.3mm 大型马歇尔件，试验仪最大荷载不得小于 50kN，读数准确至 0.1kN。上下压头的曲率内径为 ϕ152.4±0.2mm，上下压头间距 19.05±0.1mm。

图 2-18　沥青混合料马歇尔试验仪

（2）恒温水槽：控温准确至 1℃，深度不小于 150mm。

（3）烘箱。

（4）天平：感量不大于 0.1g。

（5）温度计：分度值 1℃。

（6）卡尺。

2. 标准马歇尔试验方法

（1）准备工作

1）按规范规定的标准击实法成型马歇尔试件，标准马歇尔试件尺寸应符合直径 101.6±0.2mm、高 63.5±1.3mm 的要求。对大型马歇尔试件，尺寸应符合直径 152.4±0.2mm、高 95.3±2.5mm 的要求。一组试件的数量不得少于 4 个，马歇尔电动击实仪如图 2-19 所示。

图 2-19　马歇尔电动击实仪

2）量测试件的直径及高度：用卡尺测量试件直径，用马歇尔试件高度测定器或卡尺在十字对称的 4 个方向量测离试件边缘 10mm 处的高度，准确至 0.1mm，并以其平均值作为试件的高度。如试件高度不符合 63.5±1.3mm 或 95.3±2.5mm 要求或两侧高度差大于 2mm，则此试件应作废。

3）将恒温水槽调节至要求的试验温度，黏稠石油沥青或烘箱养生过的乳化沥青混合料的温度为 60±1℃，煤沥青混合料的温度为 33.8±1℃，空气养生的乳化沥青或液体沥青混合料的温度为 25±1℃。

（2）试验步骤

1）将试件置于规定温度的恒温水槽中保温，保温时间：对标准马歇尔试件需 30～40min，对大型马歇尔试件需 45～60min。试件之间应有间隔，试件底应垫起，距水槽底部不小于 5cm。

2）将马歇尔试验仪的上下压头放入水槽或烘箱中达到同样温度。将上下压头从水槽或烘箱中取出擦拭干净内面。为使上下压头滑动自如，可在下压头的导棒上涂少量黄油。再将试件取出置于下压头上，盖上上压头，然后装在加载设备上。

3）在上压头的球座上放妥钢球，并对准荷载测定装置的压头。

4）当采用自动马歇尔试验仪时，将自动马歇尔试验仪的压力传感器、位移传感器与计算机或 *X-Y* 记录仪正确连接，调整好适宜的放大比例，将压力和位移传感器调零。

5）当采用压力环和流值计时，将流值计安装在导棒上，使导向套管轻轻地压住上压头，同时将流值计读数调零。调整压力环中百分表，对零。

6）启动加载设备，使试件承受荷载，加载速度为 50±5mm/min。计算机或 *X-Y* 记录仪自动记录传感器压力和试件变形曲线并将数据自动存入计算机。

7）当试验荷载达到最大值的瞬间，取下流值计，同时读取压力环中百分表读数及流值计的流值读数。

8）从恒温水槽中取出试件至测出最大荷载值的时间，不得超过 30s。

3. 计算试件的稳定度及流值

（1）当采用自动马歇尔试验仪时，将计算机采集的数据绘制成压力和试件变形曲线，或由 *X-Y* 记录仪自动记录的荷载-变形曲线，将荷载最大值时的变形作为流值（*FL*），以“mm”计，准确至 0.1mm。最大荷载即为稳定度（*MS*），以“kN”计，准确至 0.01kN。

（2）采用压力环和流值计测定时，根据压力环标定曲线，将压力环中百分表的读数换算为荷载值，或者由荷载测定装置读取的最大值，即为试样的稳定度（*MS*），以“kN”计，准确至 0.01kN。由流值计及位移传感器测定装置读取的试件垂直变形，即为试件的流值（*FL*），以“mm”计，准确至 0.1mm。

4. 报告

（1）当一组测定值中某个测定值与平均值之差大于标准差的 k 倍时，该测定值应舍弃，并以其余测定值的平均值作为试验结果。当试件数 n 为 3、4、5、6 时，k 值分别为

1.15、1.46、1.67、1.82。

(2) 报告中需列出马歇尔稳定度、流值、密度、沥青用量等各项指标。当采用自动马歇尔试验时，试验结果应附上荷载-变形曲线原件或自动打印结果。

【提示】

1. 取样数量：常用沥青混合料试验项目的样品数量见表 2-10。

常用沥青混合料试验项目的样品数量　　表 2-10

试验项目	目的	最少试样量（kg）	取样量（kg）
马歇尔试验、抽提筛分	施工质量检验	12	20
车辙试验	高温稳定性检验	40	60
浸水马歇尔试验	水稳定性检验	12	20
冻融劈裂试验	水稳定性检验	12	20
弯曲试验	低温性能检验	15	25

2. 沥青混合料拌合及压实温度见表 2-11。

沥青混合料拌合及压实温度参考表　　表 2-11

沥青结合料种类	拌合温度（℃）	压实温度（℃）
石油沥青	140～160	120～150
改性沥青	160～175	140～170

沥青混合料现场压实施工时温度检测如图 2-20所示。

图 2-20　沥青混合料施工现场温度检测

【知识链接】

沥青混合料试件的制作

1. 在拌合厂或施工现场采取沥青混合料制作试样时，按规范规定的方法取样，将试样置于烘箱中加热或保温，在混合料中插入温度计测量温度，待混合料温度符合要求后成型。需要拌合时可将已加热的室内沥青混合料倒入拌合机中适当拌合，时间不超过 1min。不得在电炉或明火上加热炒拌。

2. 试件成型后尺寸的要求

试件击实结束后，立即用镊子取掉上下面的纸，用卡尺量取试件离试模上口的高度并由此计算试件高度。高度不符合要求时，试件应作废，并按式（2-9）调整试件的混合料质量，以保证高度符合 63.5±1.3mm（标准试件）或 95.3±2.5mm（大型试件）的要求。

$$\text{调整后混合料质量} = \frac{\text{要求试件高度} \times \text{原用混合料质量}}{\text{所得试件的高度}} \tag{2-9}$$

3. 卸去套筒和底座，将装有试件的试模横向放置冷却至室温后（不少于 12h），置脱模机上脱出试件。将试件仔细置于干燥洁净的平面上，供试验使用。

【工程检验控制实例】

1. 质量检验

某道路工程的面层采用AC-25C沥青混凝土，现从施工现场取样进行沥青混合料马歇尔试验，试验记录和试验结果报告见表2-12和表2-13。

2. 质量控制结论

沥青混合料的技术指标满足施工规范的要求。

沥青混合料马歇尔试验记录（蜡封法）　　表2-12

沥青混合料名称	AC-25C	来样日期	—
试验依据	JTG E20—2011	试验日期	—
设备名称及编号	天平：JA61001 40号　冰箱　秒表：19号 马歇尔试验仪：LD-190　41号　温度计：81号 真空泵　温度计　1℃　79号		

材料名称		—	—	—	—	—	沥青（—）	
材料成分	外加	—	—	—	—	—	—	—
质量	内加	—	—	—	—	—	—	—

（一）密度试验

试件	试件空气中质量(g)(1)	试件蜡封后空气中质量(g)(2)	试件蜡封后水中质量(g)(3)	石蜡密度(g/cm³)(4)	试件密度（g/cm³）(1)/{(2)-(3)-【(2)-(1)】/(4)}	平均密度(g/cm³)
1	1239.7	1252.0	741.3	0.92	2.486	2.481
2	1244.3	1260.6	742.4	0.92	2.479	
3	1243.1	1256.3	741.8	0.92	2.478	

（二）稳定度试验

试件编号	试件高度(mm)		稳定度			流值		稳定度模数	
			读数	kN	平均	mm	平均	kN/mm	平均
1	64	64	—	15.88	14.50	3.3	2.8	—	—
	64	64							
2	63	63	—	12.45		2.6		—	
	63	63							
3	64	64	—	14.75		2.9		—	
	64	64							
4	64	64	—	14.94		2.4		—	
	64	64							
	—	—							

审核：____　　计算：____　　试验：____

沥青混合料试验报告　　表2-13

工程名称	某道路大中修工程					取样日期			—							
样品名称及型号	AC—25C					沥青品种及规格			—							
样品编号	201401148					料仓成分比例			—	大仓		中仓	小仓	石粉仓		
炒油机编号	—								_%	_%		_%	_%	_%		
级配（mm）	53.0	37.5	31.5	26.5	19.0	16.0	13.2	9.5	4.75	2.36	1.18	0.6	0.3	0.15	0.075	沥青用量（%）
标准要求（%）(方孔筛)	—	—	100	90～100	75～90	65～83	57～76	45～65	24～52	16～42	12～33	8～24	5～17	4～13	3～7	—

续表

检定结果（%）	—	—	100	100	89.2	82.1	75.3	63.9	46.9	29.2	19.6	14.6	9.4	7.6	6.2	5.12
误差（%）	—	—	—	—	—	—	—	—	—	—	—	—	—	—	—	—
马氏稳定度（kN）	14.50						流值（0.1mm）			2.8						
密度（g/cm^3）	2.481		孔隙率（%）		—		车辙（次/mm）			—						
检测结论	按《公路沥青路面施工技术规范》JTG F40—2004评定，该样品所检测项目的试验结果符合标准要求。															
备注	样品状态描述：黑色块状，无杂质　　施工部位：底面层 抽样单位：某检测单位　抽样人：— 见证单位：某建设工程监理有限公司　见证人：—															
试验单位（盖章）	—		施工（试验）技术负责人			—		审核	—		试验		—			

任务2.5 路面的弯沉值

【任务描述】

某道路工程路面结构施工完毕，沥青面层厚度为4cm，现进行质量验收，其中包括路面弯沉值。请进行路面弯沉值的检测，从而控制路面的整体承载力。

【学习支持】

1. 试验检验依据：《公路路基路面现场测试规程》JTG E60—2008

质量控制依据：《公路工程质量检验评定标准》JTG F80/1—2004

2. 基本概念

弯沉是指在规定荷载作用下，路基或路面表面产生的总垂直变形值（总弯沉）或垂直回弹变形值（回弹弯沉），以0.01mm为单位。

3. 试验检测适用范围及目的

（1）本方法适用于测定各类路基、路面的回弹弯沉，评定其整体承载能力，可供路面结构设计使用。

（2）本方法测定的路基、柔性路面的回弹弯沉值可供交工和竣工验收使用。

（3）本方法测定的路面回弹弯沉可为公路养护管理部门制定养路修路计划提供依据。

4. 沥青混凝土路面施工后的质量控制

沥青混凝土路面施工后应对弯沉、压实度、平整度、渗水系数、构造深度以及厚度等指标进行检验，以控制路面的施工质量。

沥青混凝土面层实测项目见表2-14。

沥青混凝土面层实测项目　　表2-14

项次	检查项目	规定值或允许偏差		检查方法和频率	权值
		高速公路、一级公路	其他公路		
1Δ	压实度（%）	试验室标准密度的96%（*98%）； 最大理论密度的92%（*94%）； 试验段密度的98%（*99%）		按规范规定检查，每200m测1处	3

续表

项次	检查项目		规定值或允许偏差		检查方法和频率	权值
			高速公路、一级公路	其他公路		
2	平整度	σ（mm）	1.2	2.5	平整度仪：全线每车道连续，按每100m计算 *IRI* 或σ	2
		IRI（m/km）	2.0	4.2		
		最大间隙 *h*（mm）	—	5	3m直尺：每200m测2处×10尺	
3	弯沉值（0.01mm）		符合设计要求		按规范规定检查	2
4	渗水系数		SMA路面200mL/min；其他沥青混凝土路面300mL/min	—	渗水试验仪：每200m测1处	2
5	抗滑	摩擦系数	符合设计要求	—	摆式仪：每200m测1处；摩擦系数测定车：全线连续，按规范规定方法评定	2
		构造深度			铺砂法：每200m测1处	
6Δ	厚度（mm）	代表值	总厚度：−5%*H* 上面层：−10%*h*	−8%*H*	按规范规定检查，双车道每200m测1处	3
		合格值	总厚度：−10%*H* 上面层：−20%*h*	−15%*H*		
7	中线平面偏位（mm）		20	30	经纬仪：每200m测4点	1
8	纵断高程（mm）		±10	±15	水准仪：每200m测4断面	1
9	宽度（mm）	有侧石	±20	±30	尺量：每200m测4断面	1
		无侧石	不小于设计			
10	横坡（%）		±0.3	±0.5	水准仪：每200m测4处	1

注：1. 表内压实度可选用其中的1个或2个标准。选用2个标准时，以合格率低的作为评定结果。带*号者是指SMA路面，其他为普通沥青混凝土路面；
2. 表中所列厚度仅规定负允许偏差。*H* 为沥青层设计总厚度（mm），*h* 为沥青上面层设计厚度（mm）；
3. 标注“Δ”的项目为关键项目，即涉及结构安全和使用功能的重要实测项目。

【任务实施】

由表2-14可以了解沥青混凝土路面弯沉值需满足设计要求。确定采用贝克曼梁弯沉仪法检测路面弯沉。首先选择仪器设备。

1. 仪具与材料技术要求

（1）标准车：双轴，后轴双侧4轮的载重车。其标准轴荷载、轮胎尺寸、轮胎间隙及轮胎气压等主要参数应符合表2-15的要求。测试车应采用后轴10t标准轴载BZZ-100的汽车。

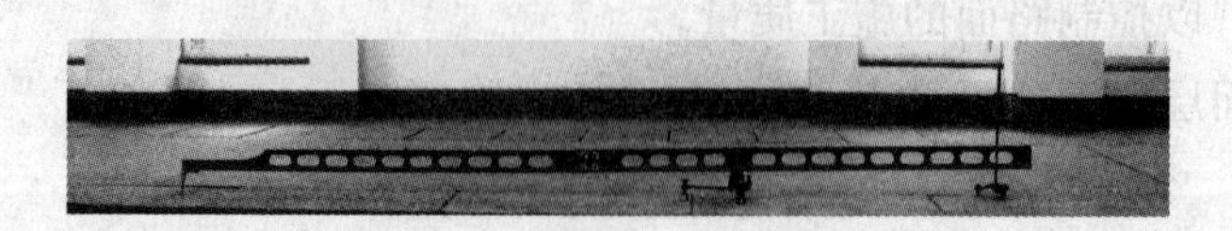

图2-21　贝克曼梁弯沉仪

（2）路面弯沉仪：由贝克曼梁（图2-21）、百分表（图2-22）和表架组成。贝克曼梁由合金铝制成，上有水准泡，其前臂（接触路面）与后臂（装百分表）长度比为2∶1。弯沉仪长度有两种：一种长3.6m，前后臂分别为2.4m和1.2m；另一种加长的弯沉仪长5.4m，

前后臂分别为 3.6m 和 1.8m。当在半刚性基层沥青路面或水泥混凝土路面上测定时，应采用长度为 5.4m 的贝克曼梁弯沉仪；对柔性基层或混合式结构沥青路面可采用长度为 3.6m 的贝克曼梁弯沉仪测定。弯沉采用百分表量得，也可用自动记录装置进行测量。

（3）接触式路表温度计：端部为平头，分度不大于 1℃，如图 2-23 所示。

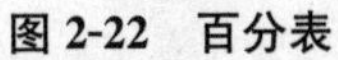

图 2-22　百分表

图 2-23　接触式路表温度计

（4）其他：皮尺、口哨、白油漆或粉笔、指挥旗等。

标准轴载参数　　**表 2-15**

标准轴载等级	BZZ-100
后轴标准轴 P（kN）	100±1
一侧双轮荷载（kN）	50±0.5
轮胎充气压力（MPa）	0.70±0.05
单轮传压面当量圆直径（cm）	21.3±0.5
轮隙宽度	应满足能自由插入弯沉仪测头的测试要求

2. 方法与步骤

（1）准备工作

1）检查并保持测定用标准车的车况及刹车性能良好，轮胎胎压符合规定充气压力。

2）向汽车车槽中装载（铁块或集料），并用地中衡称量后轴总质量及单侧轮荷载，均应符合要求的轴重规定，汽车行驶及测定过程中，轴重不得变化。

3）测定轮胎接地面积：平整光滑的硬质路面上用千斤顶将汽车后轴顶起，在轮胎下方铺一张新的复写纸和一张方格纸，轻轻落下千斤顶，即在方格纸上印上轮胎印痕，用求积仪或数方格的方法测算轮胎接地面积，准确至 $0.1cm^2$。

4）检查弯沉仪百分表量测灵敏情况。

5）当在沥青路面上测定时，用路表温度计测定试验时气温即路表温度（一天中气温不断变化，应随时测定），并通过气象台了解前 5d 的平均气温（日最高气温与最低气温的平均值）。

6）记录沥青路面修建或改建材料、结构、厚度、施工及养护等情况。

（2）测试步骤

1）在测试路段布置测点，其距离根据测试需要而定。测点应在路面行车车道的轮迹带上，并用白油漆或粉笔画上标记。

2）将试验车后轮轮隙对准测点后约3～5cm处。

3）将弯沉仪插入汽车后轮之间的缝隙处，与汽车方向一致，梁臂不得碰到轮胎，弯沉仪测头置于测点上（轮隙中心前方3～5cm处），并安装百分表于弯沉仪的测定杆上，百分表调零，用手指轻轻叩打弯沉仪，检查百分表应稳定回零。

弯沉仪可以是单侧测定，也可以是双侧同时测定。

4）测定者吹哨发令指挥汽车缓缓前进，百分表随路面变形的增加而持续向前转动。当表针转动到最大值时，迅速读取初读数 L_1。汽车仍在继续前进，表针反向回转，待汽车驶出弯沉影响半径（约3m以上）后，吹口哨或挥动指挥红旗，汽车停止。待表针回转稳定后，再次读取终读数 L_2。汽车前进的速度宜为5km/h左右。

3. 结果计算

路面测点的回弹弯沉值按式（2-10）计算。

$$l_t = (L_1 - L_2) \times 2 \tag{2-10}$$

式中 l_t——在路面温度 t 时的回弹弯沉值（0.01mm）；

L_1——车轮中心临近弯沉仪测头时百分表的最大读数（0.01mm）；

L_2——汽车驶出弯沉影响半径后百分表的终读数（0.01mm）。

4. 报告

报告应包括下列内容：

（1）弯沉测定表、支点变形修正值、测试时的路面温度及温度修正值。

（2）每一个评定路段的各测点弯沉的平均值、标准差及代表弯沉。

【提示】

1. 弯沉仪的支点变形修正

（1）当采用长度为3.6m的弯沉仪进行弯沉测定时，有可能引起弯沉仪支座处变形，在测定时应检验支点有无变形。如果有变形，此时应用另一台检测用的弯沉仪安装在测定用弯沉仪的后方，其测点架于测定用弯沉仪的支点旁。当汽车开出时，同时测定两台弯沉仪的弯沉读数，如检测弯沉仪百分表有读数，即应该记录并进行支点变形修正。当在同一结构上测定时，可在不同位置测定5次，求得平均值，以后每次测定时以此作为修正值。

（2）当采用长度为5.4m的弯沉仪测定时，可不进行支点变形修正。

（3）当需进行弯沉仪支点变形修正时，路面测点回弹弯沉值按式（2-11）计算。

$$l_t = (L_1 - L_2) \times 2 + (L_3 - L_4) \times 6 \tag{2-11}$$

式中 L_1——车轮中心临近弯沉仪测头时测定用弯沉仪的最大读数（0.01mm）；

L_2——汽车驶出弯沉影响半径后测定用弯沉仪的终读数（0.01mm）；

L_3——车轮中心临近弯沉仪测头时检验用弯沉仪的最大读数（0.01mm）；

L_4——汽车驶出弯沉影响半径后检验用弯沉仪的终读数（0.01mm）。

注：此式适用于测定弯沉仪支座处有变形，但百分表架设处路面已无变形的情况。

2. 沥青面层厚度大于 5cm 的沥青路面，回弹弯沉值应进行温度修正。温度修正及回弹弯沉的计算宜按下列步骤进行。

（1）测定时的沥青层平均温度按式（2-12）计算：

$$t=(t_{25}+t_{m}+t_{e})/3 \tag{2-12}$$

式中　t——测定时沥青层平均温度（%）；

t_{25}——根据 t_0 由图 2-24 决定的路表下 25mm 处的温度（℃）；

t_{m}——根据 t_0 由图 2-24 决定的沥青层中间深度的温度（℃）；

t_{e}——根据 t_0 由图 2-24 决定的沥青层底面处的温度（℃）。

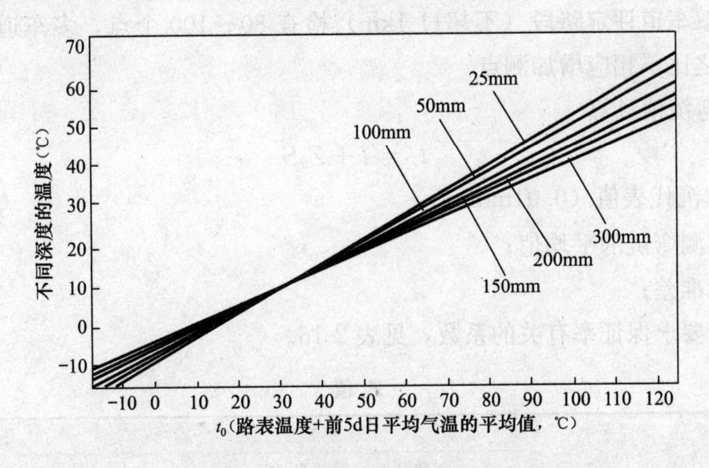

图 2-24　沥青层平均温度的决定

注：线上的数字表示从路表向下的不同深度。

图 2-24 中 t_0 为测定时路表温度与测定前 5d 日平均气温的平均值之和（℃），日平均气温为日最高气温与最低气温的平均值。

（2）根据沥青层平均温度 t 及沥青层厚度，分别由图 2-25 及图 2-26 求得不同基层的

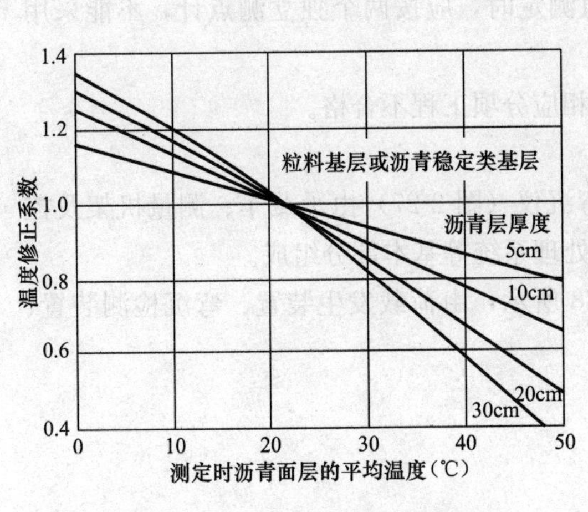

图 2-25　路面弯沉温度修正系数曲线
（适用于粒料基层或沥青稳定类基层）

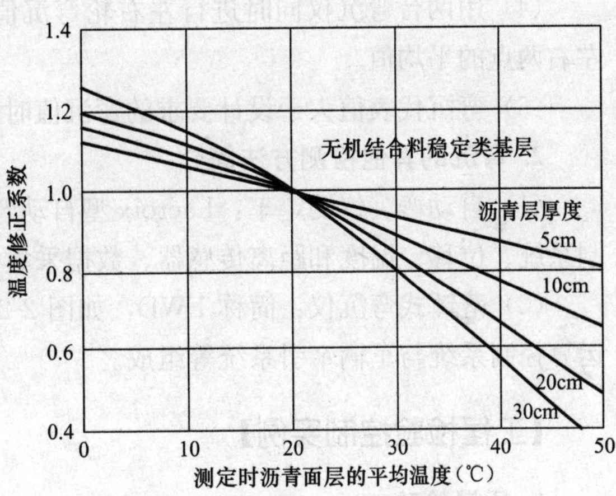

图 2-26　路面弯沉温度修正系数曲线
（适用于无机结合料稳定的半刚性基层）

沥青路面弯沉值的温度修正系数 K。

(3) 沥青路面回弹弯沉按式(2-13)计算：

$$l_{20} = l_t \cdot K \quad (2\text{-}13)$$

式中 K——温度修正系数；

l_{20}——换算为20℃的沥青路面回弹弯沉值(0.01mm)；

l_t——测定时沥青面层的平均温度为 t 时的回弹弯沉值(0.01mm)。

【知识链接】

1. 路基、柔性基层、沥青路面弯沉值评定

(1) 每一双车道评定路段(不超过1km)检查80～100个点，多车道公路必须按车道数与双车道之比，相应增加测点。

(2) 代表弯沉值计算

$$l_r = \bar{l} + Z_a S \quad (2\text{-}14)$$

式中 l_r——弯沉代表值(0.01mm)；

$\bar{l}$——实测弯沉的平均值；

S——标准差；

Z_a——与要求保证率有关的系数，见表2-16。

Z_a 值 **表2-16**

层位	Z_a	
	高速公路、一级公路	二、三级公路
沥青面层	1.645	1.5
路基	2.0	1.645

(3) 当路基和柔性基层、底基层的弯沉代表值不符合要求时，可将超出 $\bar{l}\pm(2\sim3)S$ 的弯沉特异值舍弃，重新计算平均值和标准差。对舍弃的弯沉值大于 $\bar{l}\pm(2\sim3)S$ 的点，应找出其周围界限，进行局部处理。

(4) 用两台弯沉仪同时进行左右轮弯沉值测定时，应按两个独立测点计，不能采用左右两点的平均值。

(5) 弯沉代表值大于设计要求的弯沉值时相应分项工程不合格。

2. 弯沉的其他检测方法简介

(1) 自动弯沉仪测定车：Lacroix型自动弯沉仪(图2-27)由承载车、测量机架及控制系统、位移、温度和距离传感器、数据采集处理系统等基本部分组成。

(2) 落锤式弯沉仪：简称FWD，如图2-28所示，由荷载发生装置、弯沉检测装置、运算控制系统与车辆牵引系统等组成。

【工程检验控制实例】

1. 质量检验

某沥青混凝土路面工程施工完毕，现进行竣工验收。依据《公路路基路面现场测试规程》JTG E60—2008对路面弯沉进行检测，检测结果见表2-17。

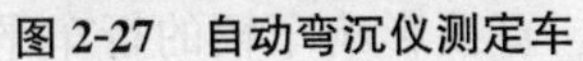
图 2-27　自动弯沉仪测定车

图 2-28　落锤式弯沉仪

道路弯沉检测报告　　表 2-17

试验单位	某公路工程试验检测有限公司			委托单位	某市政工程有限公司			
工程名称	某路道路工程			起止桩号	K1＋060～K1＋480			
车型	BZZ—100		轮印面积（cm^2）	—	单位压力（MPa）	0.7	后轴重（t）	10
检测依据	《公路路基路面现场测试规程》JTG E60—2008				检测设备	路面弯沉仪 89 号 百分表 83 号 84 号		
设计弯沉值	31.4（1/100mm）		测试层位	沥青面层	测试时间	—	天气	晴
编号	里程桩号	地表温度（℃）	百分表读数 0.01mm		实测弯沉值 0.01mm		换算弯沉 0.01mm	
			左侧	右侧	左侧	右侧	左侧	右侧
1	K1＋070	30	13	14	26	28	25	27
2	K1＋090	30	11	13	22	26	21	25
3	K1＋110	30	12	9	24	18	23	17
4	K1＋130	30	15	11	30	22	29	21
5	K1＋150	30	14	12	28	24	27	23
6	K1＋170	30	16	9	32	18	30	17
7	K1＋190	30	11	15	22	30	21	29
8	K1＋210	30	13	12	26	24	25	23
9	K1＋230	30	14	11	28	22	27	21
10	K1＋250	30	9	13	18	26	17	25
11	K1＋270	30	7	14	14	28	13	27
12	K1＋290	30	12	11	24	22	23	21
13	K1＋310	30	13	8	26	16	25	15
14	K1＋330	30	9	9	18	18	17	17
15	K1＋350	30	7	12	14	24	13	23
16	K1＋370	30	15	11	30	22	29	21
17	K1＋390	30	11	8	22	16	21	15
18	K1＋410	30	14	13	28	26	27	25
19	K1＋430	30	12	14	24	28	23	27
20	K1＋450	30	13	15	26	30	25	29
21	K1＋470	30	11	13	22	26	21	25
结论	共测点	合格点	合格率（%）		平均弯沉值		标准差	代表弯沉值
	42	42	100.0		22.7		4.6	29.6
备注	一般道路　换算系数：0.95							
施工（试验）技术负责人		—		审核	—	计算	—	

报告日期：　　____年__月__日

2. 质量控制结论

本道路设计弯沉值为 31.4（1/100mm），实测路面的代表弯沉值为 29.6（1/100mm），小于设计弯沉值，弯沉指标满足要求，说明新修道路的整体承载力满足要求，质量良好。

任务 2.6　路面的平整度

【任务描述】

路面不平会使车辆在行驶中产生行驶阻力和振动，直接影响车辆的行车平顺性及乘坐舒适性。路面平整度是衡量路面质量的一个重要指标。

某道路工程路面结构施工完毕，现进行质量的验收，其中要检测路面的平整度。请对路面平整度进行检验。

【学习支持】

1. 试验检验依据：《公路路基路面现场测试规程》JTG E60—2008

质量控制依据：《公路工程质量检验评定标准》JTG F80/1—2004

2. 相关概念

平整度：路面表面相对于理想平面的竖向偏差。

3. 平整度检测方法

（1）三米直尺测定平整度试验方法

（2）连续式平整度仪测定平整度试验方法

（3）车载式颠簸累积仪测定平整度试验方法

（4）车载式激光平整度仪测定平整度试验方法

【任务实施】

一、三米直尺测定平整度试验方法

1. 试验目的

用于测定压实成形的路基、路面各层表面的平整度，以评定路面的施工质量。

2. 仪器设备

（1）三米直尺：测量基准面长度为 3m。由硬木或铝合金钢等材料制成。3m 直尺如图 2-30 所示。

（2）楔形塞尺如图 2-29 所示。

3. 测试步骤

（1）在测试路段路面上选择测试地点

1）当为施工过程中质量检测时，测试地点根据需要确定，可以单杆检测。

2）当为路基、路面工程质量检查验收或进行路况评定时，应首尾相接连续测量 10 尺。特殊需要除外，应以行车道一侧车轮轮迹（距车道线 80～100cm）带作为连续测定的标准位置。

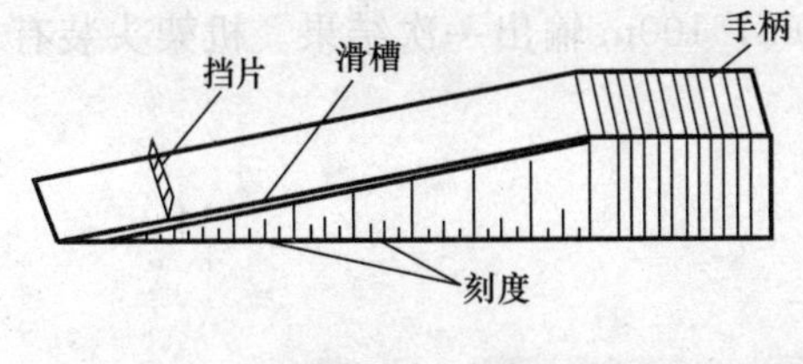

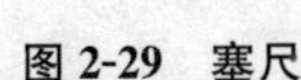
图 2-29　塞尺

图 2-30　3m 直尺

3）对旧路面已形成车辙的路面，应取车辙中间位置为测定位置，用粉笔在路面上作标记。

（2）试验要点

1）在施工过程检测时，按根据需要确定的方向，将 3m 直尺置于测试地点的路面上。

2）目测 3m 直尺底面与路面之间的间隙情况，确定间隙最大的位置。

3）用有高度标线的塞尺塞进间隙处，量记最大间隙的高度，精确至 0.2mm。

4）施工结束后检测时，按现行《公路工程质量检验评定标准》JTG F80/1—2004 的规定，每处连续检测 10 尺，按上述步骤测记 10 个最大间隙。检测现场如图 2-31 所示。

图 2-31　3m 直尺检测平整度现场

4. 计算

单杆检测路面的平整度计算，以 3m 直尺与路面的最大间隙为测定结果。连续测定 10 尺时，判断每个测定值是否合格，根据要求计算合格百分率，并计算 10 个最大间隙的平均值。合格率的计算见式（2-15）。

$$合格率 = (合格尺数 / 总测尺数) \times 100\% \tag{2-15}$$

5. 报告

单杆检测应随时记录测试位置及检测结果。连续测定 10 尺时，报告中立包括平均值、合格尺数、合格率等数据。

二、连续平整度仪法

1. 试验目的及适用范围

该试验用连续平整度仪测定路表面的不平整度的标准差，以表示路面的平整度，来评定路面的施工质量，但不适用于在已有较多坑槽、破损严重的路面上测定。

2. 仪器设备

（1）连续式平整度仪（图 2-32）。

标准长度为 3m，前后两组轮的轴间距离为 3m。中间为 1 个 3m 长的机架，机架可缩短或折叠，前后各有 4 个行走轮，机架中间有一个能起落的测定轮。机架上装有蓄电源及可拆卸的检测箱，检测箱可采用显示、记录、打印或绘图等方式输出测试结果。测定轮上装有位移传感器，自动采集位移数据。

测定间距为10cm，每一计算区间的长度为100m，100m输出一次结果。机架头装有一牵引钩及手拉柄，可用人力或汽车牵引。

（2）牵引车：小面包车或其他小型牵引汽车。

（3）皮尺或测绳。

图2-32　连续式平整度仪

3. 试验步骤

（1）试验要点

1）选择测试路段及测试地点。

2）将连续式平整度测定仪置于测试路段路面起点。

3）在牵引汽车的后部，将平整度的挂钩挂上后，放下测定轮，启动检测器及记录仪，随即启动汽车。沿道路纵向行驶，横向位置保持稳定，并检查平整度检测仪表上测定数字显示、打印、记录的情况。如检测设备中某项仪表发生故障，即停车检测。牵引平整度仪的速度应均匀，速度宜为5km/h，最大不得超过12km/h。

在测试路段较短时，也可用人力拖拉平整度仪测定路面的平整度，但拖拉时应保持匀速前进。

（2）结果处理

1）自动计算：按每10cm间距采集的位移值自动计算100m计算区间的平整度标准差，记录测试长度、曲线振幅大于某一定值（3、5、8、10mm等）的次数、曲线振幅的单向（凸起或凹下）累计值，以3m机架为基准的中点路面偏差曲线图，并打印输出。

人工计算：在记录曲线上任意设一基准线，每隔一定距离（宜为1.5m）读取曲线偏离基准线的偏离位移值d_i。

2）每一计算区间的路面平整度以该区间测定结果的标准差表示，按式（2-16）计算：

$$\sigma_i=\sqrt{\frac{\sum d_i^2-(\sum d_i)^2/n}{n-1}} \tag{2-16}$$

式中　σ_i——各计算区间的平整度计算值，mm；

d_i——以100m为一个计算区间，每隔一定距离（自动采集间距为10cm，人工采集间距为1.5m）采集的路面凹凸偏差位移值，mm；

n——计算区间用于计算标准差的测试数据个数。

3）计算一个评定路段内各区间平整度标准差的平均值、标准差（反应σ_i的偏离程度）、变异系数。

4）试验应列表报告每一个评定路段内各测定区间的平整度计算值，各评定路段平整度的平均值、标准差、变异系数以及不合格区间数。

平整度仪检测现场如图 2-33 所示。

图 2-33　平整度仪使用中

【提示】

牵引平整度仪的速度应均匀，速度宜为 5km/h，最大不得超过 12km/h。

【知识链接】

车载式激光平整度仪测定平整度试验方法

1. 目的与适用范围

（1）本方法适用于各类车载式激光平整度仪在新建、改建路面工程质量验收和无严重坑槽、车辙等病害及无积水、积雪、泥浆的正常通车条件下连续采集路段平整度数据。

（2）本方法的数据采集、传输、记录和处理分别由专用软件自动控制进行。

2. 仪具与材料技术要求

（1）测试系统

测试系统由承载车辆、距离传感器、纵断面高程传感器和主控制系统组成。主控制系统对测试装置的操作实施控制，完成数据采集、传输、存储与计算过程。

（2）设备承载车要求

根据设备供应商的要求选择测试系统承载车辆。

（3）测试系统基本技术要求和参数

1）测试速度：30～100km/h。

2）采样间隔：500mm。

3）传感器测试精度：0.5mm。

4）距离标定误差：＜0.1%。

5）系统工作环境温度：0～60℃。

3. 方法与步骤

（1）准备工作

1）将设备安装到承载车上以后应按规范的规定进行相关性试验。

2）根据设备操作手册的要求对测试系统各传感器进行校准。

3）检查测试车轮胎气压，应达到车辆轮胎规定的标准气压，车胎应清洁，不得粘附杂物。

4）距离测量装置需要现场安装的，根据设备操作手册说明进行安装，确保机械紧固装置安装牢固。

5）检查测试系统各部分是否符合测试要求，不应有明显的破损。

6）打开系统电源，启动控制程序，检查各部分的工作状态。

（2）测试步骤

1）测试开始之前应让测试车以测试速度行驶 5～10km，按照设备使用说明规定的预热时间对测试系统进行预热。

2）测试车停在测试起点前 50～100m 处，启动平整度测试系统程序，按照设备操作手册的规定和测试路段的现场技术要求设置所需的测试状态。

3）驾驶员应按照设备操作手册要求的测试速度驾驶测试车，速度宜在 50～80km/h，避免急加速和急减速，急弯路段应放慢车速，沿正常行车轨迹驶入测试路段。

4）进入测试路段后，测试人员启动系统的采集和记录程序，在测试过程中必须及时准确地将测试路段的起点、终点和其他需要特殊标记的位置输入测试数据记录中。

5）当测试车辆驶出测试路段后，测试人员停止数据采集和记录，并恢复仪器各部分至初始状态。

6）检查测试数据文件，文件应完整，内容应正常，否则需要重新测试。

7）关闭测试系统电源，结束测试。

4. 计算

激光平整度仪采集的数据是路面相对高程值，应以 100m 为计算区间长度用 IRI 的标准计算程序计算 IRI 值，以 m/km 计。

【工程检验控制实例】

1. 某城市道路工程沥青混凝土路面施工完毕，现对沥青混凝土面层右侧进行平整度检测，检测结果见表 2-18。

平整度检测记录表　　表 2-18

工程名称		某城市道路工程					分项工程名称		K0＋000～K0＋240 沥青混凝土路面右侧				
施工单位		—					允许偏差		5mm				
检测桩号	位置	实测点（mm)(3m 直尺法)											
		1	2	3	4	5	6	7	8	9	10	平均值	合格尺数	合格率
K0＋050	左侧	—	—	—	—	—	—	—	—	—	—	—	—	—
	右侧	3	4	1	6	3	4	2	4	5	4	4	10	100
K0＋100	左侧	—	—	—	—	—	—	—	—	—	—	—	—	—
	右侧	3	4	1	7	3	2	7	4	7	4	4	10	100
K0＋150	左侧	—	—	—	—	—	—	—	—	—	—	—	—	—
	右侧	2	4	1	7	4	3	5	2	4	7	4	10	100
K0＋200	左侧	—	—	—	—	—	—	—	—	—	—	—	—	—
	右侧	4	5	1	7	8	3	4	7	6	8	5	10	100

技术负责人：____　质检员：____　　　　____年__月__日

2. 某道路工程施工完毕，现进行竣工验收。根据《公路路基路面现场测试规程》JTG E60—2008 对路面平整度进行检测，检测结果见表 2-19。

连续式平整度仪测定平整度　　　　表 2-19

施工单位	某道桥公司			试验依据	JTG E60—2008（T0932—2008）		
检测地点	施工现场			仪器设备	连续式平整度仪、牵引车		
现场描述	AC—13C 表面层			环境条件	室外 27℃		
检测部位	K0＋221～K0＋470			现场记录	—		
试验单位	某检测公司			试验日期	—		
结构层次	表面层			平整度标准值（mm）	1.2		
桩号	数据（mm）	备注	结论	桩号（mm）	数据（mm）	备注	结论
1（K0＋221～K0＋470）	1.01	一车道（左）	合格	—	—	—	—
2（K0＋221～K0＋470）	1.05	一车道（右）	合格	—	—	—	—
4（K0＋221～K0＋470）	1.09	二车道（左）	合格	—	—	—	—
5（K0＋221～K0＋470）	1.12	二车道（右）	合格	—	—	—	—

技术负责人：____　　质检员：____　　____年__月__日

任务 2.7　路面的摩擦系数

【任务描述】

某道路工程路面结构施工完毕，现进行质量验收，由于摩擦系数直接表征了道路表面防滑性能水平的高低，所以检测项目的其中一项为采用摆式仪法检测路面摩擦系数，从而验证路面的抗滑能力。

【学习支持】

1. 试验检验依据：《公路路基路面现场测试规程》JTG E60—2008

质量控制依据：《公路工程质量检验评定标准》JTG F80/1—2004

《公路沥青路面设计规范》JTG D50—2006

2. 试验检测适用范围及目的

（1）本方法适用于以摆式摩擦系数测定仪（摆式仪）测定沥青路面、标线或其他材料试件的抗滑值，以控制路面或路面材料试件在潮湿状态下的抗滑能力。

（2）本方法测定的沥青路面、标线或其他材料试件的抗滑值可供交工和竣工验收使用。

（3）本方法测定的抗滑值可为公路养护管理部门制定养路修路计划提供依据。

【任务实施】

1. 仪具与材料技术要求

（1）摆式仪：其形状及结构如图 2-34、图 2-35 所示。摆及摆的连接部分总质量为

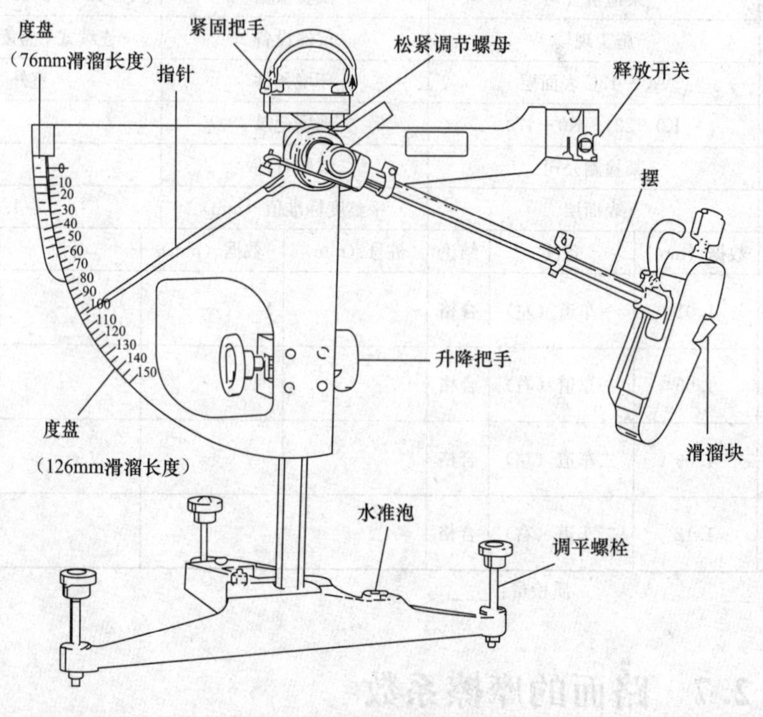

图 2-34　摆式仪结构示意图

图 2-35　摆式仪实体图

1500±30g，摆动中心至摆的重心距离为 410±5mm，测定时摆在路面上滑动长度为 126±1mm，摆上橡胶片端部距摆动中心的距离为 510mm，橡胶片对路面的正向静压力为 22.2±0.5N。

（2）橡胶片：当用于测定路面抗滑值时，其尺寸为 6.35mm×25.4mm×76.2mm。橡胶质量应符合表 2-20 的要求。当橡胶片使用后，端部在长度方向上磨耗超过 1.6mm 或边缘在宽度方向上磨耗超过 3.2mm，或有油类污染时，即应更换新橡胶片。新橡胶片应先在干燥路面上测试 10 次后再用于测试。橡胶片的有效使用期从出厂日期起算为 12 个月。

橡胶物理性质技术要求　　表 2-20

性质指标	温度（℃）				
	0	10	20	30	40
弹性（%）	43～49	58～65	66～73	71～77	74～79
硬度（IR）			55±5		

（3）滑动长度量尺：长 126mm。

（4）喷水壶。

（5）硬毛刷。

（6）路面温度计：分度不大于 1℃。

（7）其他：扫帚、记录表格等。

2. 方法与步骤

（1）准备工作

1）检查摆式仪的调零灵敏情况，并定期进行仪器的标定。

2）按《公路路基路面现场测试规程》附录 A 的方法，进行测试路段的取样选点。在横断面上测点应选在行车道轮迹处，且距路面边缘应不小于 1m。

（2）测试步骤

1）清洁路面：用扫帚或其他工具将测点处的路面打扫干净。

2）仪器调平。

① 将仪器置于路面测点上，并使摆的摆动方向与行车方向一致。

② 转动底座上的调平螺栓，使水准泡居中。

3）调零。

① 放松紧固把手，转动升降把手，使摆升高并能自由摆动，然后旋紧紧固把手。

② 将摆固定在右侧悬臂上，使摆处于水平释放位置，并把指针拨至右端与摆杆平行处。

③ 按下释放开关，使摆向左带动指针摆动。当摆达到最高位置后下落时，用手将摆杆接住，此时指针应指零。

④ 若不指零，可稍旋紧或旋松摆的调节螺母。

⑤ 重复上述 4 个步骤，直至指针指零。调零允许误差为±1。

4）校核滑动长度。

① 让摆处于自然下垂状态，松开固定把手，转动升降把手，使摆下降。与此同时，提起举升柄使摆向左侧移动，然后放下举升柄使橡胶片下缘轻轻触地，紧靠橡胶片摆放滑动长度量尺，使量尺左端对准橡胶片下缘；再提起举升柄使摆向右侧移动，然后放下举升柄使橡胶片下缘轻轻触地，检查橡胶片下缘应与滑动长度量尺的右端齐平。

② 若齐平，则说明橡胶片两次触地的距离（滑动长度）符合 126mm 的规定。校核滑动长度时，应以橡胶片长边刚刚接触路面为准，不可借摆的力量向前滑动，以免标定的滑动长度与实际不符。

③ 若不齐平，升高或降低摆或仪器底座的高度。微调时用旋转仪器底座上的调平螺丝调整仪器底座高度的方法比较方便，但需注意保持水准泡居中。

④ 重复上述动作，直至滑动长度符合 126mm 的规定。

5）将摆固定在右侧悬臂上，使摆处于水平释放位置，并把指针拨至右端与摆杆平行处。

6）用喷水壶浇洒测点，使路面处于湿润状态，如图 2-36 所示。

7）按下右侧悬臂上的释放开关（图 2-37），使摆在路面滑过。当摆杆回落时，用手接住，读数但不记录。然后使摆杆和指针重新置于水平释放位置。

8）重复 6）和 7）的操作 5 次，并读记每次测定的摆值。

图 2-36　检测人员在浇洒测点

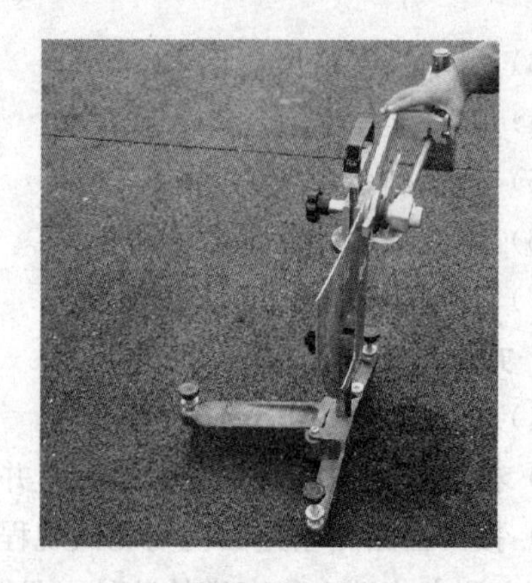

图 2-37　检测人员按下释放开关

单点测定的5个值中最大值与最小值的差值不得大于3。如差值大于3时，应检查产生的原因，并再次重复上述各项操作，至符合规定为止。

取5次测定的平均值作为单点的路面抗滑值（即摆值 BPN_t），取整数。

9）在测点位置用温度计测记潮湿路表温度，准确至1℃。

10）每个测点由3个单点组成，即需按以上方法在同一测点处平行测定3次，以3次测定结果的平均值作为该测点的代表值（精确到1）。

3个单点均应位于轮迹带上，单点间距离为3～5m。该测点的位置以中间单点的位置表示。

3. 抗滑值的温度修正

当路面温度为 t℃时，测得的摆值为 BPN_t 必须按式（2-17）换算成标准温度20℃的摆值 BPN_{20}。

$$BPN_{20} = BPN_t + \Delta BPN \tag{2-17}$$

式中　BPN_{20}——换算成标准温度20℃时的摆值；

BPN_t——路面温度 t 时测得的摆值；

ΔBPN——温度修正值按表2-21采用。

抗滑值的温度修正值　　表 2-21

温度（℃）	0	5	10	15	20	25	30	35	40
温度修正值 ΔBPN	−6	−4	−3	−1	0	+2	+3	+5	+7

4. 报告

报告应包含如下内容：

（1）路面单点测定值 BPN_t 经温度修正后的 BPN_{20}、现场温度、BPN_{20} 的平均值。

（2）测定路段路面抗滑值的平均值、标准差、变异系数。

【提示】

1. 摆式仪的检测频率为每200m测1处，每处由3个单点组成，3个单点均应位于轮迹带上，单点间距离为3～5m。该测点的位置以中间单点的位置表示。

2. 摆式仪只能测量低速条件下的路面抗滑性能，反映路面局部微观构造情况，可用于二级公路，且摆式值（BPN）检测时宜符合表2-22的指标要求。

摆式值（BPN）指标要求　　　　**表2-22**

年平均降雨量（mm）	交工检测
	二级公路摆式值 BPN_{20}
＞1000	≥58
500～1000	≥56
250～500	≥54

3. 影响测试结果的环节：摆式仪橡胶滑块压力的标定、仪器调节水平、摆臂调零、滑动距离长度、测试位置地面洒水及准确读取指针读数等，现场试验时需严格按照各步骤要求进行操作。

【知识链接】

1. 影响路面抗滑性能的因素有路面表面特性（细构造和粗构造）、路面潮湿程度和行车速度。路表面的细构造是指集料表面的粗糙度，它随车轮的反复磨耗作用而逐渐被磨光。细构造在低速（30～50km/h以下）时对路表抗滑性能起决定作用，而高速时起主要作用的是粗构造，它是由路表外露集料间形成的构造，粗构造由构造深度表征其性能。

2. 根据摆式仪的工作原理，摆式仪不适用于表面构造较大的测试，因为表面构造深度较大时，在小尺寸范围内存在橡胶滑块振动过大的问题，导致测试结果反映的不仅是滑动能量损失，还包括振动产生的能量损失。在实际使用中操作人员应根据现场情况注意此问题。

3. 其他路面抗滑值的检测方法见后续内容。

【工程检验控制实例】

某公路工程，路面已施工完成，现用摆式仪法对路面抗滑性能进行评定，结果见表2-23及表2-24。

摆式仪检测记录　　　　**表2-23**

<table>
<tr><td>路线名称和编号</td><td colspan="3">某公路工程建设项目</td><td>任务书号</td><td></td></tr>
<tr><td>测定时间</td><td colspan="3">____年__月__日</td><td>路面类型</td><td>沥青混凝土</td></tr>
<tr><td>检测依据</td><td colspan="3">《公路路基路面现场测试规程》JTG E60—2008</td><td>使用仪器名称型号及编号</td><td>摆式仪 BM</td></tr>
<tr><td>洒水后路面温度</td><td colspan="2">40℃</td><td>测点位置</td><td colspan="2">BK0+100</td></tr>
<tr><td rowspan="6">测定记录</td><td>次数</td><td>摆值（BPN）</td><td>路面抗滑值（BPN_t）</td><td>温度修正值（ΔBPN）</td><td>换算成标准温度20℃时的摆值（BPN_{20}）</td></tr>
<tr><td>1</td><td>69</td><td rowspan="5">69</td><td rowspan="5">+7</td><td rowspan="5">76</td></tr>
<tr><td>2</td><td>69</td></tr>
<tr><td>3</td><td>68</td></tr>
<tr><td>4</td><td>69</td></tr>
<tr><td>5</td><td>70</td></tr>
</table>

续表

洒水后路面温度	40℃		测点位置	BK0＋300	
测定记录	次数	摆值（BPN）	路面抗滑值（BPN_t）	温度修正值（ΔBPN）	换算成标准温度 20℃时的摆值（BPN_{20}）
	1	66	64	＋7	71
	2	64			
	3	64			
	4	64			
	5	64			
洒水后路面温度	40℃		测点位置	BK0＋500	
测定记录	次数	摆值（BPN）	路面抗滑值（BPN_t）	温度修正值（ΔBPN）	换算成标准温度 20℃时的摆值（BPN_{20}）
	1	72	73	＋7	80
	2	74			
	3	73			
	4	72			
	5	74			
抗滑代表值	76				
现场检测	—	数据处理	—	审核	—

摆式仪检测报告　　　表 2-24

检测项目	单位	标准要求（数值）	实测结果（数据）		检测方法标准条款	结论	备注
			洒水后路面温度（℃）	抗滑平均值（BPN）			
抗滑值	BPN	≥54	40	76	JTG E60—2008（T0964—2008）	合格	BK0＋100 左幅（沥青混凝土）
抗滑值	BPN	≥54	40	71	JTG E60—2008（T0964—2008）	合格	BK0＋300 左幅（沥青混凝土）
抗滑值	BPN	≥54	40	80	JTG E60—2008（T0964—2008）	合格	BK0＋500 左幅（沥青混凝土）

查表 2-22 可知该工程摆值符合规范要求，因此路面抗滑性能符合要求。

任务 2.8　路面的构造深度

【任务描述】

某道路工程路面结构施工完毕，将进行质量验收，验收项目的其中一项为验证路面的抗滑能力。路面的构造深度是反映路面抗滑能力的重要指标，现进行路面构造深度的测定，可以采用手工铺砂法或电动铺砂法。

【学习支持】

1. 试验检验依据：《公路路基路面现场测试规程》JTG E60—2008

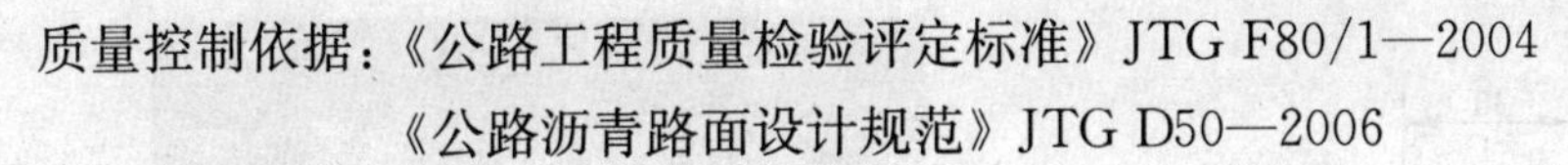

质量控制依据：《公路工程质量检验评定标准》JTG F80/1—2004

《公路沥青路面设计规范》JTG D50—2006

2. 基本概念

路面细构造：指集料表面的粗糙度，它随车轮的反复磨耗作用而逐渐被磨光。低速时对路表抗滑性能起决定作用。

路面粗构造：由路表外露集料形成的构造，高速时对路表抗滑性能起主要作用。

3. 试验检测适用范围及目的

（1）本方法适用于测定沥青路面及水泥混凝土路面表面构造深度，以评定路面表面的宏观构造。

（2）本方法测定的沥青路面及水泥混凝土路面的抗滑值可供交工和竣工验收使用。

（3）本方法测定的抗滑值可为公路养护管理部门制定养路修路计划提供依据。

【任务实施】

一、手工铺砂法

1. 仪具与材料技术要求

（1）人工铺砂仪由圆筒、推平板组成。

① 量砂筒：形状尺寸如图 2-38、图 2-39 所示。一端是封闭的，容积为 25±0.15mL，可通过称量砂筒中水的质量以确定其容积 V，并调整其高度，使其容积符合规定。带一专门的刮尺，可将筒口量砂刮平。

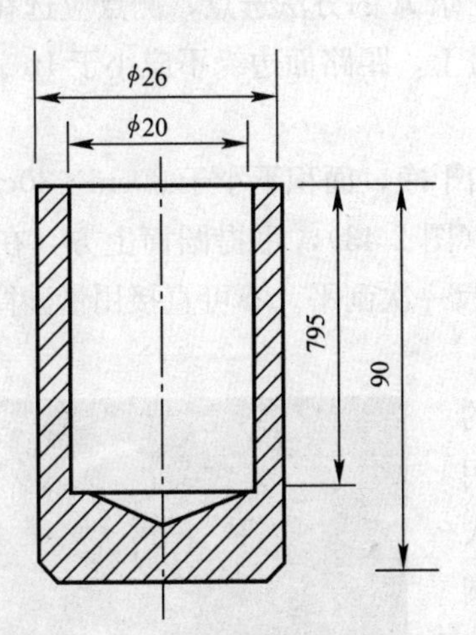

图 2-38　量砂筒尺寸图（单位：mm）

图 2-39　量砂筒实体图

② 推平板：形状尺寸如图 2-40、图 2-41 所示。推平板应为木制或铝制，直径 50mm，底面粘一层厚 1.5mm 的橡胶片，上面有一圆柱把手。

③ 刮平尺：可用 30cm 钢板尺代替。

（2）量砂：足够数量的干燥洁净的匀质砂，粒径 0.15～0.3mm。

（3）量尺：钢板尺、钢卷尺，或采用已按式（2-18）将直径换算成构造深度作为刻度单位的专用构造深度尺。

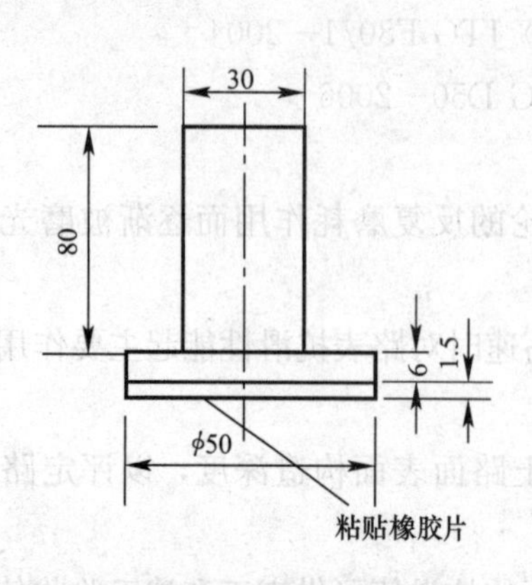

图 2-40　推平板尺寸图（单位：mm）

图 2-41　推平板实体图

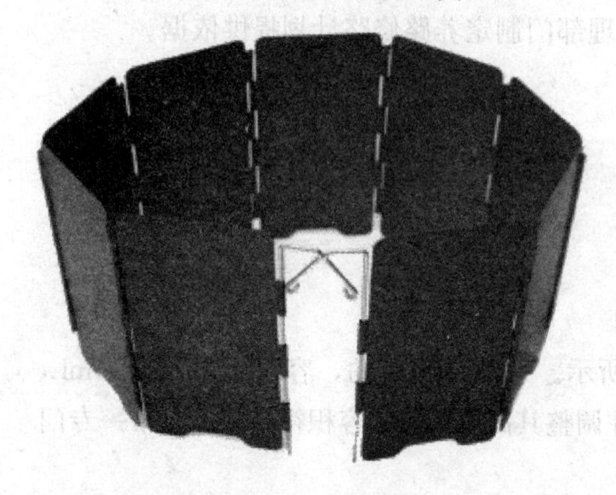

图 2-42　挡风板

（4）其他：装砂容器（小铲）、扫帚或毛刷、挡风板（图 2-42）等。

2. 方法与步骤

（1）准备工作

1）量砂准备：取洁净的细砂，晾干过筛，取 0.15～0.3mm 的砂置适当的容器中备用。量砂只能在路面上使用一次，不宜重复使用。

2）按《公路路基路面现场测试规程》附录 A 的方法选点，测点应选在车道的轮迹带上，距路面边缘不应小于 1m。

（2）测试步骤

1）用扫帚或毛刷子将测点附近的路面清扫干净，面积不小于 30cm×30cm。

2）用小铲装砂，沿筒壁向圆筒中注满砂（图 2-43），手提圆筒上方，在硬质路表面上轻轻地叩打 3 次，使砂密实，补足砂面用钢尺一次刮平。不可直接用量砂筒装砂，以免影响量砂密度的均匀性。

3）将砂倒在路面上，用底面粘有橡胶片的推平板，由里向外重复作旋转摊铺运动，稍稍用力将砂尽可能地向外摊开（图 2-44），使砂填入凹凸不平的路表面的空隙中，尽可能将砂摊成圆形，并不得在表面上留有浮动余砂。摊铺时不可用力过大或向外推挤。

图 2-43　现场检测人员正用小铲装砂

4）用钢板尺测量所构成圆的两个垂直方向的直径（图 2-45），取其平均值，准确至 5mm。

5）按以上方法，同一处平行测定不少于 3 次，3 个测点均位于轮迹带上，测点间距 3～5m。对同一处，应该由同一个试验员进行测定。该处的测定位置以中间测点的位置表示。

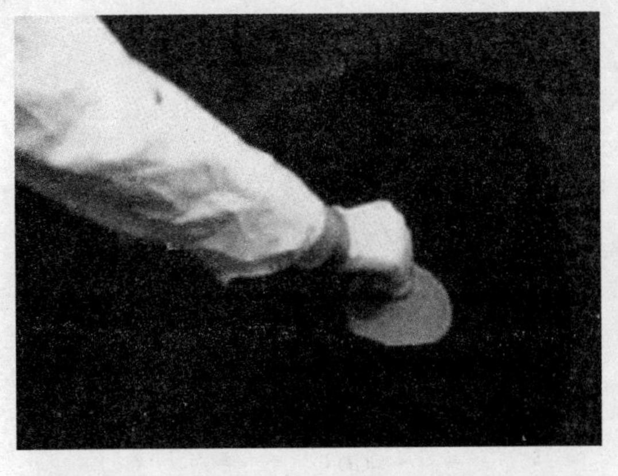

图 2-44　现场检测人员正用推平板将砂摊开　　图 2-45　检测人员用钢板尺测量圆的直径

3. 计算

（1）路面表面构造深度测定结果按式（2-18）计算。

$$TD=\frac{1000V}{\pi D^2/4}=\frac{31831}{D^2} \tag{2-18}$$

式中　TD——路面表面构造深度（mm）；

V——砂的体积（$25cm^3$）；

D——摊平砂的平均直径（mm）。

（2）每处均取 3 次路面构造深度测定结果的平均值作为试验结果，准确至 0.01mm。

（3）计算每一个评定区间路面构造深度的平均值、标准差、变异系数。

4. 报告

报告应包含如下内容：

（1）路面构造深度的测定值及 3 次测定的平均值。当平均值小于 0.2mm 时，试验结果以小于 0.2mm 表示。

（2）每一个评定区间路面构造深度的平均值、标准差、变异系数。

二、电动铺砂法

1. 仪具与材料技术要求

（1）电动铺砂仪：利用可充电的直流电源将量砂通过砂漏铺设成宽度 5cm，厚度均匀一致的器具，如图 2-46、图 2-47 所示。

（2）量砂：足够数量的干燥洁净的匀质砂，粒径为 0.15～0.3mm。

（3）标准量筒：容积 50mL。

（4）玻璃板：面积大于铺砂器，厚 5mm。

（5）其他：直尺、扫帚、毛刷等。

2. 方法与步骤

（1）准备工作

1）量砂准备：取洁净的细砂，晾干过筛，取 0.15～0.3mm 的砂置适当的容器中备用。量砂只能在路面上使用一次，不宜重复使用。

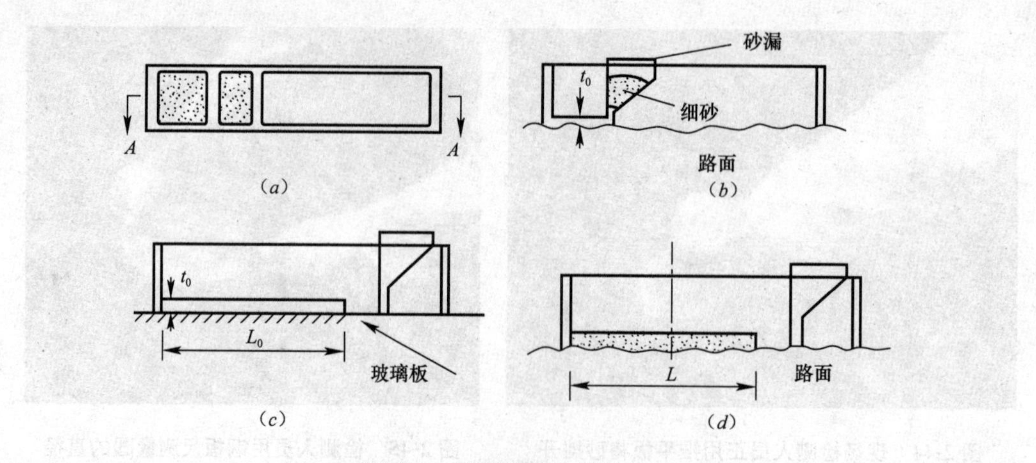

图 2-46 电动铺砂仪构造图

(*a*) 平面图；(*b*) *A-A* 断面图；(*c*) 标定；(*d*) 测定

L_0—玻璃板上 50mL 量砂摊铺的长度 (mm)；

L—路面上 50mL 量砂摊铺的长度 (mm)。

图 2-47 电动铺砂仪实体图

2）按《公路路基路面现场测试规程》附录 A 的方法，确定测点所在横断面位置。测点应选在车道的轮迹带上，距路面边缘应不小于 1m。

(2) 电动铺砂器标定

1）将铺砂器平放在玻璃板上，将砂漏移至铺砂器端部。

2）使灌砂漏斗口和量筒口大致齐平。通过漏斗向量筒中缓缓注入准备好的量砂至高出量筒成尖顶状，用直尺沿筒口一次刮平，其容积为 50mL。

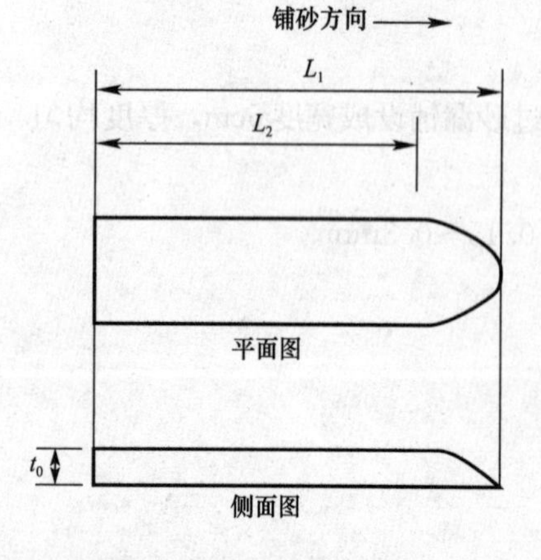

图 2-48 决定 L_0 及 L 的方法

L_0 (或 L)$=(L_1+L_2)/2$

3）使漏斗口与铺砂器砂漏上口大致齐平。将砂通过漏斗均匀倒入砂漏，漏斗前后移动，使砂的表面大致齐平，但不得用任何其他工具刮动砂。

4）开动电动机，使砂漏向另一端缓缓运动，量砂沿砂漏底部铺成如图 2-48 所示宽 5cm 的带状，待砂全部漏完后停止。

5）按图 2-48，根据式 (2-19) 由 L_1 及 L_2 的平均值决定量砂的摊铺长度 L_0，准确至 1mm。

$$L_0=(L_1+L_2)/2 \tag{2-19}$$

6）重复标定 3 次，取平均值决定 L_0，准确至

1mm。标定应在每次测试前进行，用同一种量砂，由同一试验员操作。

(3) 测试步骤

1) 将测试地点用毛刷刷净，面积大于铺砂仪。

2) 将铺砂仪沿道路纵向平稳地放在路面上，将砂漏移至端部。

3) 按第 (2) 条的第 2)～5) 的步骤，在测试地点摊铺 50mL 量砂，按图 2-48 的方法量取摊铺长度 L_1 及 L_2，由式 (2-20) 计算 L，准确至 1mm。

$$L=(L_1+L_2)/2 \tag{2-20}$$

4) 按以上方法，同一处平行测定不少于 3 次，3 个测点均位于轮迹带上，测点间距 3～5m。该处的测定位置以中间测点的位置表示。

3. 计算

(1) 按式 (2-21) 计算铺砂仪在玻璃板上摊铺的量砂厚度 t_0。

$$t_0=\frac{V}{B\times L_0}\times 1000=\frac{1000}{L_0} \tag{2-21}$$

式中　t_0——量砂在玻璃板上摊铺的标定厚度 (mm)；

V——量砂体积，50mL；

B——铺砂仪铺砂宽度，50mm。

(2) 按式 (2-22) 计算路面构造深度 TD。

$$TD=\frac{L_0-L}{L}\times t_0=\frac{L_0-L}{L\cdot L_0}\times 1000 \tag{2-22}$$

式中　TD——路面的构造深度 (mm)。

(3) 每一处均取 3 次路面构造深度测定结果的平均值作为试验结果，准确至 0.1mm。

(4) 计算每一个评定区间路面构造深度的平均值、标准差、变异系数。

4. 报告

(1) 报告中包括路面构造深度的测定值及 3 次测定的平均值。当平均值小于 0.2mm 时，试验结果以小于 0.2mm 表示。

(2) 每一个评定区间路面构造深度的平均值、标准差、变异系数。

【提示】

(1) 对于具有较大不规则空隙或坑槽的沥青路面和具有防滑沟槽结构的水泥路面不适用该检验方法，因为量砂在这些空隙或沟槽内产生体积积聚的状况，与理论计算公式的要求不符，因而测量结果也将产生很大误差。

(2) 铺砂处的路面必须保持干燥状态，不得有水分存在。清扫时还应去除附着在路表面的污染物。

(3) 注满砂的量筒在地面叩打的力量要适度，不能过重或过轻，以保证每次装入量筒内砂的体积相同。

(4) 当摊铺砂的形状不圆程度造成垂直量取的两个直径差值过大时，应重新操作，否则测试结果将与实际情况产生较大误差。

(5) 电动铺砂法与手工铺砂法虽然原理相同，但测定方法有差别。手工法是将全部砂都填入凹凸不平的空隙中了，而电动法是在与玻璃板上摊铺后比较求得的，所以两法测定结果存在差异。

(6) 电动铺砂法的标定十分重要，测试时的做法应与标定时一样，因此必须用同一种砂，由同一试验员操作。为了测定数据的准确性，不使用回收砂。

【知识链接】

抗滑构造深度的控制

1. 沥青路面：检测频率为每200m检测1处。高速公路和一级公路沥青路面的抗滑构造深度按表2-25执行，二级公路应结合路线所经地区的环境、具体情况，参照表2-25执行，同时符合设计要求。

沥青路面抗滑技术指标　　表2-25

年平均降雨量（mm）	交工检测指标值
	构造深度 TD（mm）
>1000	≥0.55
500～1000	≥0.50
250～500	≥0.45

2. 水泥混凝土路面抗滑构造深度（mm）：检测频率为每200m检测1处，应符合表2-26的要求，同时符合设计要求。

水泥混凝土路面抗滑技术指标　　表2-26

抗滑构造深度（mm）	
高速公路、一级公路	其他公路
一般路段不小于0.7且不大于1.1； 特殊路段不小于0.8且不大于1.2	一般路段不小于0.5且不大于1.0； 特殊路段不小于0.6且不大于1.1

3. 抗滑值的其他常用检测方法

(1) 制动距离法：测试指标摩擦系数 F，该方法为：在潮湿路面上行使的四轮小客车或轻货车制动后，测试从车辆减速滑移到停止的距离，算出摩擦系数。

图2-49　激光构造深度仪

(2) 激光构造深度仪法：采用激光测距的基本原理，以较高的采样频率，按一定的计算模型计算路面构造深度。

激光构造深度仪如图2-49所示，该设备能够快速实时的检测各等级公路的路面平整度、构造深度等技术特性，可为交工、竣工验收、预防性养护以及路面管理系统提供数据支持。

（3）单、双轮式横向力系数测试仪法：标准测试轮胎以与行车方向呈一定角度连续行驶在潮湿路面上，轮胎受到的侧向摩阻力与轮胎的载重比值即为横向力系数。双轮式横向力系数测试仪如图2-50、图2-51所示。

图2-50　双轮式横向力系数测试仪

图2-51　双轮式横向力系数测试仪现场测试

（4）动态旋转摩擦系数测试仪法：测试仪转盘下方安装有三个橡胶滑块，并配有洒水装置，用于潮湿测试表面。测试时，当转盘加速到一定转速后被放到测试表面，使橡胶滑块与测试表面接触。在摩擦力的作用下转盘被减速，在此过程中测出由滑块所产生的力矩，并由此计算出摩擦系数。

【工程检验控制实例】

某二级路公路工程，路面为沥青混凝土路面，现已施工完成，现用手动铺砂法对路面抗滑性能进行评定。结果见表2-27、表2-28。

手工铺砂法路面构造深度试验记录　　表2-27

工程名称		某公路工程		委托编号		2014-109
结构类型		沥青混凝土面层		试验日期		____年__月__日
检测路段		K1＋300～K1＋900		仪器名称及编号		
检测环境		良好		检验方法标准代号		JTG E60—2008
桩号	距中桩距离（m）左（＋）　右（－）	摊平砂的直径（mm）		摊平砂的平均值（mm）	构造深度（mm）	构造深度平均值（mm）
K1＋400	距中桩距离3m右（－）	275	285	280	0.41	0.42
	距中桩距离6m右（－）	270	270	270	0.44	
	距中桩距离9m右（－）	275	275	275	0.42	
K1＋600	距中桩距离3m右（－）	275	275	275	0.42	0.43
	距中桩距离6m右（－）	270	260	265	0.45	
	距中桩距离9m右（－）	275	285	280	0.41	
K1＋800	距中桩距离3m右（－）	260	270	265	0.45	0.44
	距中桩距离6m右（－）	265	265	265	0.45	
	距中桩距离9m右（－）	275	275	275	0.42	
备注	—					
校核	—	计算	—	试验	—	

手工铺砂法路面构造深度检测报告　表 2-28

测点桩号	距中桩距离（m） 左（+）右（-）	构造深度 （mm）	构造深度平均值（mm）	备注
K1+400	距中桩距离 3m 右（-）	0.41	0.42	—
	距中桩距离 6m 右（-）	0.44		
	距中桩距离 9m 右（-）	0.42		
K1+600	距中桩距离 3m 右（-）	0.42	0.43	—
	距中桩距离 6m 右（-）	0.45		
	距中桩距离 9m 右（-）	0.41		
K1+800	距中桩距离 3m 右（-）	0.45	0.44	—
	距中桩距离 6m 右（-）	0.45		
	距中桩距离 9m 右（-）	0.42		

查表 2-25 可知该工程的抗滑构造深度符合规范要求，因此路面抗滑性能符合要求。

任务 2.9　路面的厚度

【任务描述】

某道路工程路面结构正在施工，路面各层厚度直接影响工程的安全性和耐久性，现在各层施工完毕时采用钻芯法测定路面厚度。

【学习支持】

1. 试验检验依据：《公路路基路面现场测试规程》JTG E60—2008

质量控制依据：《公路工程质量检验评定标准》JTG F80/1—2004

2. 试验检测适用范围及目的

（1）本方法适用于检验路面各层施工过程中的厚度，以评定路面各层的厚度是否满足设计要求。

（2）本方法测定的路面各层厚度值可供交工和竣工验收使用。

（3）本方法测定的厚度值可为公路养护管理部门制定养路修路计划提供依据。

【任务实施】

1. 仪具与材料技术要求

（1）路面取芯样钻机及钻头、冷却水：钻头的标准直径为 100mm，如芯样仅供测量厚度，不作其他试验时，对沥青面层与水泥混凝土板也可用直径 50mm 的钻头，对基层材料有可能损坏试件时，也可用直径 150mm 的钻头，但钻孔深度均必须达到层厚。

（2）量尺：钢板尺、钢卷尺、卡尺。

（3）补坑材料：与检查层位的材料相同。

（4）补坑用具：夯、热夯、水等。

（5）其他：搪瓷盘、棉纱等。

2. 方法与步骤

（1）基层或砂石路面的厚度可用挖坑法测定，但沥青面层及水泥混凝土路面板的厚度应用钻孔法测定。

（2）钻孔取芯样法厚度测试步骤

1）按《公路路基路面现场测试规程》附录A的选点方法，随机确定钻孔检查的位置。如为旧路，该点有坑洞等显著缺陷或接缝时，可在其旁边检测。

2）按下述方法用路面取芯钻机钻孔，芯样的直径应符合规范的要求，钻孔深度必须达到层厚。

① 在选取采样地点的路面上，先用粉笔对钻孔位置作出标记。

② 用钻机在取样地点垂直对准路面放下钻头，牢固安放钻机，使其在运转过程中不得移动。

③ 开放冷却水，启动电动机，徐徐压下钻杆，钻取芯样，但不得使劲下压钻头。待钻透全厚后，上抬钻杆，拔出钻头，停止转动，不使芯样损坏。

3）取出芯样（图2-52），清除底面灰土，找出与下层的分界面。

4）用钢板尺或卡尺沿圆周对称的十字方向四处量取表面至上下层界面的高度（图2-53），取其平均值，即为该层的厚度，准确至1mm。

图2-52　检测人员取出芯样

图2-53　检测人员量取芯样

（3）在沥青路面施工过程中，当沥青混合料尚未冷却时，可根据需要随机选择测点，用大螺丝刀插入至沥青层底面深度后用尺读数，量取沥青层的厚度，以mm计，准确至1mm。

（4）按下列步骤用与取样层相同的材料填补钻孔。

1）适当清理坑中残留物，钻孔时留下的积水应用棉纱吸干。

2）对无机结合料稳定层及水泥混凝土路面板，应按相同配合比用新拌的材料分层填补并用小锤压实。水泥混凝土中宜掺加少量快凝早强剂。

3）对无结合料粒料基层，可用挖坑时取出的材料，适当加水拌合后分层填补，并用小锤压实。

4）对正在施工的沥青路面，用相同级配的热拌沥青混合料分层填补并用加热的铁锤或热夯压实。旧路钻孔也可用乳化沥青混合料修补。

5）所有补坑结束时，宜比原面层略鼓出少许，用重锤或压路机压实平整。

3. 计算

（1）按式（2-23）计算路面实测厚度 T_{li} 与设计厚度 T_{0i} 之差：

$$\Delta T_i = T_{li} - T_{0i} \tag{2-23}$$

式中 T_{li}——路面的实测厚度（mm）；

T_{0i}——路面的设计厚度（mm）；

ΔT_i——路面实测厚度与设计厚度的差值（mm）。

（2）当检查路面总厚度时，将各层平均厚度相加即为路面总厚度。计算一个评定路段检测厚度的平均值、标准差、变异系数，并计算代表厚度。

4. 报告

路面厚度检测报告应列表填写，并记录与设计厚度之差，不足设计厚度为负，大于设计厚度为正。

【提示】

（1）钻头直径及钻孔深度应根据需要进行选择，取样时不应破坏芯样。

（2）补坑工序要严格按规范执行，如有疏忽、遗留或补得不好，易成为隐患而导致开裂。

【知识链接】

1. 当采用不同的路面类型，路面面层厚度的允许偏差和检查频率也不尽相同，具体参见表 2-29，沥青混凝土面层和沥青碎（砾）石面层实测项目见表 2-14。

路面面层厚度检测要求（单位：mm） **表 2-29**

面层类型		允许偏差	检查频率
水泥混凝土面层板厚度	代表值	−5	每 200m 每车道 2 处
	合格值	−10	
沥青贯入式面层（或上拌下贯式面层）厚度	代表值	−8%H 或 −5mm	每 200m 每车道 1 点
	合格值	−15%H 或 −10mm	
沥青表面处治面层厚度	代表值	−5	每 200m 每车道 1 点
	合格值	−10	

注：1. 采用沥青贯入式面层（或上拌下贯式面层）：当设计厚度≥60mm 时，按厚度百分率控制；当设计厚度＜60mm 时，按厚度不足的毫米数控制，H 为厚度（mm）；
2. 在采用沥青混凝土面层和沥青碎（砾）石面层时，高速公路和一级公路的沥青面层多为 2～3 层铺筑，下面层厚度的变异性较大，验收时不作特殊要求，但施工单位和监理单位应从严控制。

2. 路面结构层厚度控制标准

(1) 路段内路面结构层厚度按代表值和单个合格值的允许偏差进行控制。

(2) 厚度代表值为厚度的算术平均值的下置信界限值，即：

$$X_L = \overline{X} - \frac{t_\alpha}{\sqrt{n}} S \tag{2-24}$$

式中 X_L——厚度代表值（算术平均值的下置信界限值）；

$\overline{X}$——厚度平均值；

S——标准差；

n——检测点数；

t_α——t分布表中随测点数和保证率（或置信度α）而变的系数，可查表2-30。

采用的保证率：

高速公路、一级公路：基层、底基层为99%；面层为95%。

其他公路：基层、底基层为95%；面层为90%。

$\frac{t_\alpha}{\sqrt{n}}$值 表2-30

保证率 / n	99%	95%	90%	保证率 / n	99%	95%	90%
2	22.501	4.465	2.176	21	0.552	0.376	0.289
3	4.021	1.686	1.089	22	0.537	0.367	0.282
4	2.270	1.177	0.819	23	0.523	0.358	0.275
5	1.676	0.953	0.686	24	0.510	0.350	0.269
6	1.374	0.823	0.603	25	0.498	0.342	0.264
7	1.188	0.734	0.544	26	0.487	0.335	0.258
8	1.060	0.670	0.500	27	0.477	0.328	0.253
9	0.966	0.620	0.466	28	0.467	0.322	0.248
10	0.892	0.580	0.437	29	0.458	0.316	0.244
11	0.833	0.546	0.414	30	0.449	0.310	0.239
12	0.785	0.518	0.393	40	0.383	0.266	0.206
13	0.744	0.494	0.376	50	0.340	0.237	0.184
14	0.708	0.473	0.361	60	0.308	0.216	0.167
15	0.678	0.455	0.347	70	0.285	0.199	0.155
16	0.651	0.438	0.335	80	0.266	0.186	0.145
17	0.626	0.423	0.324	90	0.249	0.175	0.136
18	0.605	0.410	0.314	100	0.236	0.166	0.129
19	0.586	0.398	0.305	>100	$\frac{2.3265}{\sqrt{n}}$	$\frac{1.6449}{\sqrt{n}}$	$\frac{1.2815}{\sqrt{n}}$
20	0.568	0.387	0.297				

(3) 当厚度代表值大于等于设计厚度减去代表值允许偏差时，则按单个检查值的偏差不超过单点合格值来计算合格率；当厚度代表值小于设计厚度减去代表值允许偏差时，相应分项工程评为不合格。

(4) 沥青面层一般按沥青铺筑层总厚度进行控制，高速公路和一级公路分2～3层铺筑时，还应进行上面层厚度检查和质量控制。

【工程检验控制实例】

见任务 2.10 的表 2-32、表 2-33。

任务 2.10　沥青面层的压实度

【任务描述】

某道路工程采用沥青路面，面层施工完毕，将进行质量验收，现采用钻芯法测定路面压实度。压实度是施工质量管理中最重要的指标之一，只有对道路充分压实，才能保证路面的强度、刚度和平整性。沥青路面的成败与否，压实是最重要的工序。现采用钻芯法进行路面压实度的测定，以控制路面的施工质量。

【学习支持】

1. 试验检验依据：《公路工程沥青及沥青混合料试验规程》JTG E20—2011
《公路路基路面现场测试规程》JTG E60—2008

质量控制依据：《公路工程质量检验评定标准》JTG F80/1—2004

2. 基本概念

(1) 沥青混合料面层的压实度：按施工规范规定的方法测定的混合料试样的毛体积密度与标准密度之比值，以百分率表示。

(2) 沥青混合料的理论最大密度：假设压实沥青混合料试件全部为矿料（包括矿料自身内部的孔隙）及沥青所占有，空隙率为零的理想状态下的最大密度，以 g/cm^3 计。

3. 试验检测适用范围及目的

(1) 本方法适用于检验从压实的沥青路面上钻取的沥青混合料芯样试件的密度，以评定沥青面层的施工压实度。

(2) 本方法测定的施工压实度可供交工和竣工验收使用。

(3) 本方法测定的施工压实度可为公路养护管理部门制定养路修路计划提供依据。

【任务实施】

1. 仪具与材料技术要求

本方法需要下列仪具与材料：①路面取芯钻机；②天平：感量不大于 0.1g；③水槽；④吊篮；⑤石蜡；⑥其他：卡尺、毛刷、小勺、取样袋（容器）、电风扇。

2. 方法与步骤

(1) 钻取芯样

按任务 2.9 的取样方法钻取路面芯样，芯样直径不宜小于 100mm。当一次钻孔取得的芯样包含不同层位的沥青混合料时，应根据结构组合情况用切割机将芯样沿各层结合面锯开分层进行测定。

钻孔取样应在路面完全冷却后进行，对普通沥青路面通常在第 2 天取样，对改性沥青及 SMA 路面宜在第 3 天以后取样。

(2) 测定试件密度

1) 将钻取的试件在水中用毛刷轻轻刷净粘附的粉尘。如试件边角有浮松颗粒，应仔细清除。

2) 将试件晾干或用电风扇吹干不少于 24h，直至恒重。

3) 按现行《公路工程沥青及沥青混合料试验规程》JTG E20—2011 的沥青混合料试件密度试验方法测定试件密度 ρ_S。

(3) 根据规范规定，确定计算压实度的标准密度。

3. 计算

(1) 当计算压实度的标准密度采用每天试验室实测的马歇尔击实试件密度或试验段钻孔取样密度时，沥青面层的压实度按式 (2-25) 计算。

$$K=\frac{\rho_s}{\rho_0}\times 100 \tag{2-25}$$

式中　K——沥青面层某一测定部位的压实度 (%)；

ρ_s——沥青混合料芯样试件的实际密度 (g/cm^3)；

ρ_0——沥青混合料的标准密度 (g/cm^3)。

(2) 计算压实度的标准密度采用最大理论密度时，沥青面层的压实度按式 (2-26) 计算。

$$K=\frac{\rho_s}{\rho_t}\times 100 \tag{2-26}$$

式中　ρ_s——沥青混合料芯样试件的实际密度 (g/cm^3)；

ρ_t——沥青混合料的最大理论密度 (g/cm^3)。

(3) 计算一个评定路段压实度的平均值、标准差、变异系数，并计算代表压实度。

4. 报告

压实度试验报告应记录压实度检查的标准密度及依据，并列表显示各测点的试验结果。

【提示】

沥青混合料试件密度根据吸水率的不同采用不同的试验方法，沥青混合料试件的吸水率为达到饱和面干状态时所吸收的水的体积与试件毛体积之比（体积比），此处应与集料的吸水率区分，集料的吸水率是吸收水量与集料烘干质量之比（质量比）。

【知识链接】

1. 沥青混凝土面层和沥青碎（砾）石面层压实度的检验频率及合格标准参见表 2-14，可选用其中的 1 个或 2 个标准评定，选用 2 个标准时，以合格率低的作为评定结果。

2. 施工及验收过程中的压实度检验不得采用配合比设计时的标准密度，应按如下方法逐日检测确定：

（1）以实验室密度作为标准密度，即沥青拌合厂每天取样1～2次实测的马歇尔试件密度，取平均值作为该批混合料铺筑路段压实度的标准密度。其试件成型温度与路面复压温度一致。当采用配合比设计时，也可采用其他相同的成型方法的实验室密度作为标准密度。

（2）以每天实测的最大理论密度作为标准密度。对普通沥青混合料，沥青拌合厂在取样进行马歇尔试验的同时以真空法实测最大理论密度，平行试验的试样数不少于2个，以平均值作为该批混合料铺筑路段压实度的标准密度；但对改性沥青混合料、SMA混合料以每天总量检验的平均筛分结果及油石比平均值计算的最大理论密度为准，也可采用抽提筛分的配合比及油石比计算最大理论密度。

（3）以试验路段密度作为标准密度。用核子密度仪定点检查密度不再变化为止，然后取不少于15个钻孔试件的平均密度为计算压实度的标准密度。

（4）施工中采用核子密度仪等无破损检测设备进行压实度控制时，宜以试验路密度作为标准密度，核子密度仪的测点数不宜少于39个，取平均值，但核子密度仪需经标定认可。

3. 在交工验收阶段，一个评定路段的压实度以代表值和极值评定压实度是否合格。

（1）一个评定路段的平均压实度、标准差、变异系数按式（2-27）～式（2-29）计算。

$$K_0=\frac{K_1+K_2+\cdots+K_N}{N} \tag{2-27}$$

$$S=\sqrt{\frac{(K_1-K_0)^2+(K_2-K_0)^2+\cdots+(K_N-K_0)^2}{N-1}} \tag{2-28}$$

$$C_V=\frac{S}{K_0} \tag{2-29}$$

式中 K_0——该评定路段的平均压实度，%；

S——一个评定路段的压实度测定值的标准差，%；

C_V——一个评定路段的压实度测定值的变异系数，%；

K_1、K_2、…、K_N——该评定路段内各测定点的压实度，%；

N——该评定路段内各测定点的总数，其自由度为$N-1$。

（2）一个评定路段的压实度代表值按式（2-30）计算。

$$K'=K_0-\frac{t_\alpha S}{\sqrt{N}} \tag{2-30}$$

式中 K'——一个评定路段的压实度代表值，%；

t_α——t分布表中随自由度和保证率变化的系数，见表2-31。当测点数大于100时，高速公路t_α可取1.6449，对其他等级公路t_α可取1.2815。

$\frac{t_\alpha}{\sqrt{N}}$值 **表2-31**

测点数N	高速公路、一级公路	其他等级公路	测点数N	高速公路、一级公路	其他等级公路
2	4.465	2.176	4	1.177	0.819
3	1.686	1.089	5	0.953	0.686

续表

测点数 N	高速公路、一级公路	其他等级公路	测点数 N	高速公路、一级公路	其他等级公路
6	0.823	0.603	22	0.367	0.282
7	0.734	0.544	23	0.358	0.275
8	0.670	0.500	24	0.350	0.269
9	0.620	0.466	25	0.342	0.264
10	0.580	0.437	26	0.335	0.258
11	0.546	0.414	27	0.328	0.253
12	0.518	0.393	28	0.322	0.248
13	0.494	0.376	29	0.316	0.244
14	0.473	0.361	30	0.310	0.239
15	0.455	0.347	40	0.266	0.206
16	0.438	0.335	50	0.237	0.184
17	0.423	0.324	60	0.216	0.167
18	0.410	0.314	70	0.199	0.155
19	0.398	0.305	80	0.186	0.145
20	0.387	0.297	90	0.175	0.136
21	0.376	0.289	100	0.166	0.129

注：本表适用于压实度、厚度等单边检验要求的情况。对高速公路、一级公路，保证率为95%；对其他等级公路，保证率为90%。

4. 压实沥青混合料密度测定方法与步骤

(1) 表干法

① 准备试件。本试验可以采用室内成型的试件，也可以采用工程现场钻芯、切割等方法获得的试件。试验前试件宜在阴凉处保存（温度不宜高于35℃），且放置在水平的平面上，注意不要使试件产生变形。

② 选择适宜的浸水天平或电子天平，最大称量应满足试件质量的要求。

③ 除去试件表面的浮粒（图2-54），称取干燥试件的空气中质量，根据选择天平的感量读数，准确至0.1g或0.5g。最大称量在3kg以下时感量不大于0.1g，3kg以上时感量不大于0.5g。

④ 将溢流水箱水温保持在25±0.5℃。挂上网篮，浸入溢流水箱中（图2-55），调节水位，将天平调平并复零，把试件置于网篮中（注意不要晃动水）浸水中约3~5min，称取水中质量。若天平读数持续变化，不能很快达到稳定，说明试件吸水较严重，不适用于此法测定，应改用蜡封法测定。

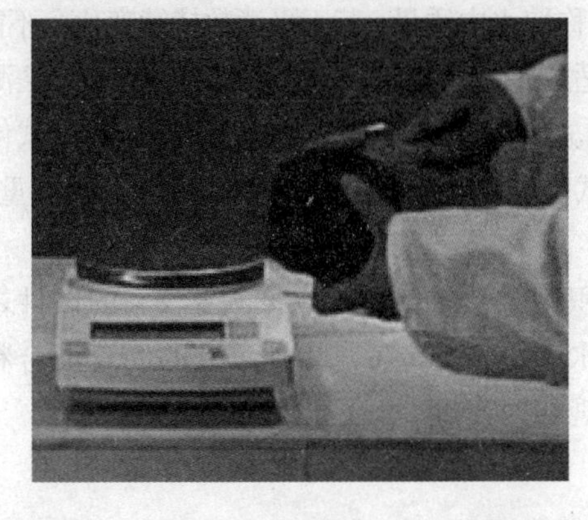

图2-54　检测人员正在除去试件表面的浮粒

图2-55　网篮和溢流水槽

⑤ 从水中取出试件，尽快用洁净柔软的干毛巾轻轻擦去试件的表面水（不得吸走空隙内的水），称取试件的表干质量。从试件拿出水面到擦拭结束不宜超过 5s，称量过程中流出的水不得再擦拭。

⑥ 对从路上钻取的非干燥试件可先称取水中质量，然后用电风扇将试件吹干至恒重（一般不少于 12h，当不需进行其他试验时，也可用 60±5℃烘箱烘干至恒重），再称取在空气中的质量。

（2）蜡封法

① 选择适宜的浸水天平或电子秤，最大称量应满足试件质量的要求。

② 称取干燥试件的空气中质量，根据天平感量读数，准确至 0.1g 或 0.5g（最大称量在 3kg 以下时感量不大于 0.1g，3kg 以上时感量不大于 0.5g）。当为钻芯法取得的非干燥试件时，应用电风扇吹干 12h 以上至恒重作为空气中质量，但不得用烘干法。

③ 将试件置于冰箱中，在 4～5℃条件下冷却不少于 30min。

④ 将石蜡熔化至熔点以上 5.5±0.5℃。

⑤ 从冰箱中取出试件立即浸入石蜡液中，至全部表面被石蜡封住后迅速取出试件，在常温下放置 30min，称取蜡封试件的空气中质量。

⑥ 挂上网篮、浸入水箱中，调节水位，将天平调平或复零。调整水温并保持在 25±0.5℃内。将蜡封试件放入网篮浸水约 1min，读取在水中的质量。

⑦ 如果试件在测定密度后还需要做其他试验时，为便于除去石蜡，可先在干燥试件表面涂一薄层滑石粉，称取涂滑石粉后的试件质量，然后再蜡封测定。

⑧ 用蜡封法测定时，石蜡对水的相对密度按下列步骤实测确定：

首先取一块铅或铁块之类的重物，称取在空气中的质量，然后测定重物在水温 25±0.5℃内的水中质量；待重物干燥后，按上述试件蜡封的步骤将重物蜡封后测定其在空气中的质量及在 25±0.5℃内水中质量。

（3）水中重法

① 选择适宜的浸水天平或电子秤，最大称量应满足试件质量的要求。

② 除去试件表面的浮粒，称取干燥试件的空气中质量，根据选择的天平的感量读数，准确至 0.1g 或 0.5g。最大称量在 3kg 以下时感量不大于 0.1g，3kg 以上时感量不大于 0.5g。

③ 挂上网篮，浸入溢流水箱的水中，调节水位，将天平调平并复零，把试件置于网篮中（注意不要使水晃动），待天平稳定后立即读数，称取水中质量。若天平读数持续变化，不能在数秒钟内达到稳定，则说明试件有吸水情况，不适用于此法测定，应改用蜡封法或表干法测定。

④ 对从施工现场钻取的非干燥试件，可先称取水中质量，然后用电风扇将试件吹干至恒重（一般不少于 12h，当不需进行其他试验时，也可用 60±5℃烘箱烘干至恒重），再称取在空气中的质量。

通常情况下采用表干法测定试件的毛体积相对密度；对吸水率大于 2%的试件，宜采用蜡封法测定试件的毛体积相对密度；对吸水率小于 0.5%，特别致密的沥青混合料，在施工质量检验时，允许采用水中重法测定表观相对密度。

【工程检验控制实例】

某公路工程采用沥青混凝土路面，路面面层已施工完成，该层设计厚度为 4cm，现用钻芯法中的表干法对路面厚度进行评定，结果见表 2-32 及表 2-33。

沥青混凝土路面钻芯试验记录（表干法）　　表 2-32

样品名称	沥青混合料芯样		样品编号		
试验水温	25.0℃		环境条件	温度：27℃	
桩号	K17+660		部位	AC-13 路面面层	
收样日期	____年__月__日		试验日期	____年__月__日	
试验依据	《公路工程沥青及沥青混合料试验规程》JTG E20—2011 《公路路基路面现场测试规程》JTG E60—2008				
使用仪器名称、编号	数显卡尺 GTJC-YQSB-06-20　电子天平 GTJC-YQSB-06-21				
（1）芯样厚度（cm）		4.24		4.23	
		4.26		4.20	
（2）芯样厚度平均值（cm）		4.23			
（3）芯样直径（cm）		9.97		9.96	
（4）芯样直径平均值（cm）		9.96			
（5）芯样质量（g）		779.4			
（6）芯样水中质量（g）		456.2			
（7）芯样表干质量（g）		781.9			
（8）芯样密度$(g/cm^3)=(5)\times\rho_t/[(7)-(6)]$		2.386			
（9）标准密度（g/cm^3）		2.427			
（10）压实度（%）=(8)/(9)×100		98.3			
备注	25℃水的修正系数 $\rho_t=0.9971g/cm^3$				
校核	—	计算	—	试验	—

沥青混凝土路面钻芯试验记录（表干法）　　表 2-33

混合料类型	设计厚度（cm）	实测厚度（cm）	芯样密度（g/cm^3）	压实度标准值	压实度（%）	备注
AC-13	4	4.23	2.386	≥96%	98.3	合格

经检测路面实测厚度 4.23cm，设计厚度为 4cm，实测厚度大于设计厚度，符合规范要求；压实度实测为 98.3%，压实度标准值为≥96%，满足设计要求。

任务 2.11　沥青路面渗水试验

【任务描述】

某道路工程采用沥青路面，面层施工完毕，将对路面的渗水性能进行质量验收，沥青路面渗水性能是反映路面沥青混合料级配组成的一个间接指标，也是沥青路面水稳定性的一个重要指标。如果整个沥青面层均透水，则水将进入基层或路基，使路面承载力降低。相反如果沥青面层中有一层不透水，而表层能很快透水，则不致形成水膜，对抗滑性能有很大好处。所以路面渗水系数已成为评价路面使用性能的一个重要指标。现进行路面渗水系数的测定，以控制沥青路面防水性能。

【学习支持】

1. 试验检验依据：《公路路基路面现场测试规程》JTG E60—2008

质量控制依据：《公路工程质量检验评定标准》JTG F80/1—2004

2. 相关概念

渗水系数：在规定的初始水头压力下，单位时间内渗入路面规定面积的水的体积，以 mL/min 计。

3. 试验检测目的

（1）本方法通过在路面现场测定沥青路面的渗水系数，评定路面的渗水性能。

（2）本方法测定的路面的渗水系数可供交工和竣工验收使用。

（3）本方法测定的路面的渗水系数可为公路养护管理部门制定养路修路计划提供依据。

【任务实施】

1. 仪具与材料技术要求

（1）路面渗水仪：形状及尺寸如图 2-56、图 2-57 所示。上部盛水量筒由透明有机玻璃制成，容积 600mL，上有刻度，在 100mL 及 500mL 处有粗标线，下方通过 ϕ10mm

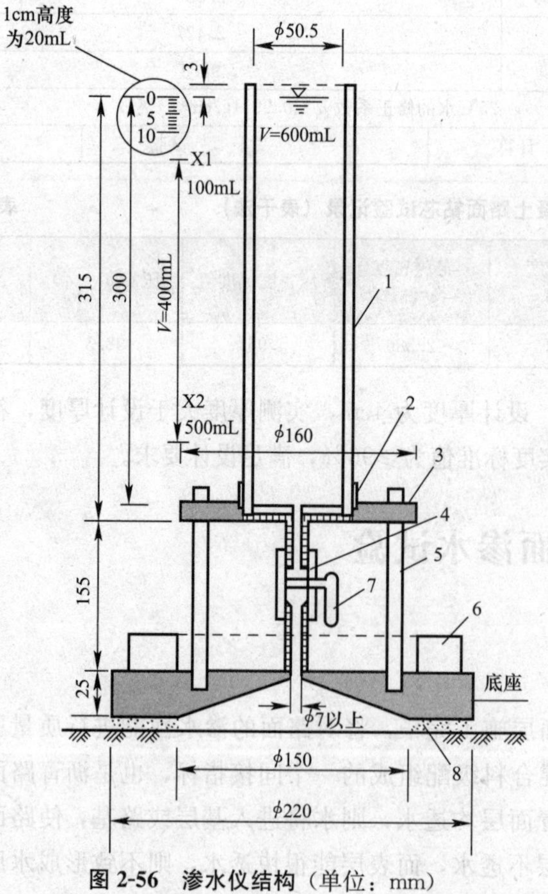

图 2-56　渗水仪结构（单位：mm）

1—透明有机玻璃筒；2—螺纹连接；3—顶板；4—阀；
5—立柱支架；6—压重钢圈；7—把手；8—密封材料

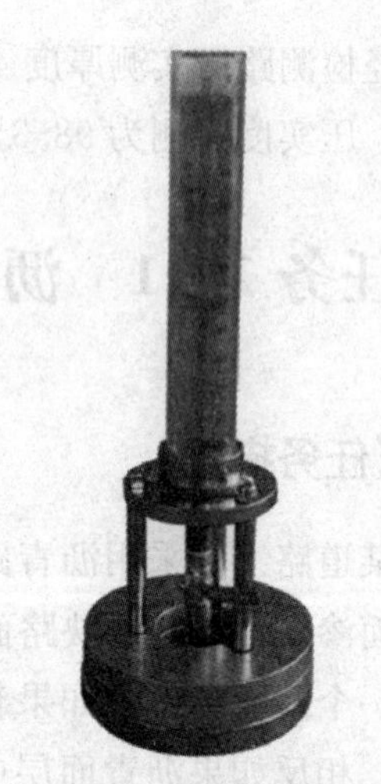

图 2-57　渗水仪实体图

的细管与底座相接，中间有一开关。底座下方开口内径 ϕ150mm，外径 ϕ220mm，仪器附不锈钢圈压重 2 个，每个质量约 5kg，内径 ϕ160mm。

(2) 水桶及大漏斗。

(3) 秒表。

(4) 密封材料：防水腻子、油灰或橡皮泥。

(5) 其他：水、粉笔、塑料圈、刮刀、扫帚等。

2. 方法与步骤

(1) 准备工作

1) 在测试路段的行车道路面上，按《公路路基路面现场测试规程》附录 A 的随机取样方法选择测试位置，每一个检测路段应测定 5 个测点，并用粉笔画上测试标记。

2) 试验前，首先用扫帚清扫表面，并用刷子将路面表面的杂物刷去。杂物一方面会影响水的渗入；另一方面也会影响渗水仪和路面或者试件的密封效果。

(2) 测试步骤

1) 将塑料圈置于试件中央或者路面表面的测点上，用粉笔分别沿塑料圈的内侧和外侧画上圈，如图 2-58 所示。在外环和内环之间的部分就是需要用密封材料进行密封的区域，如图 2-59 所示。

图 2-58　画圈

图 2-59　用密封材料密封

2) 用密封材料对环状密封区域进行密封处理，注意不要使密封材料进入内圈。如果密封材料不小心进入内圈，必须用刮刀将其刮走。然后再将搓成拇指粗细的条状密封材料摞在环状密封区域的中央，并且摞成一圈，如图 2-60 所示。

图 2-60　摆放密封材料

3) 将渗水仪放在试件或者路面表面的测点上，注意使渗水仪的中心尽量和圆环中心重合，然后略微使劲将渗水仪压在条状密封材料表面，再将配重加上，以防压力水从底座与路面间流出，如图 2-61、图 2-62 所示。

4) 关闭开关，向量筒中注满水，然后打开开关，使量筒中的水下流，排出渗水仪底部内空气，当量筒中水面下降速度变慢时，用双手轻压渗水仪使渗水仪底部的气泡全部排出。关闭开关，并再次向量筒中注满水，如图 2-63 所示。

图 2-61　渗水仪放在测点上

图 2-62　渗水仪加上配重

图 2-63　向量筒中注水

5）打开开关，待水面下降至 100mL 刻度时，立即开动秒表开始计时，每间隔 60s，读记仪器管的刻度一次，至水面下降 500mL 时为止。测试过程中，如水从底座与密封材料间渗出，说明底座与路面密封不好，应移至附近干燥路面处重新操作。当水面下降速度较慢，则测定 3min 的渗水量即可停止；如果水面下降速度较快，在不到 3min 的时间内到达了 500mL 刻度线，则记录到达了 500mL 刻度线时的时间；若水面下降至一定程度后基本保持不动，说明基本不透水或根本不透水，在报告中注明。

6）按以上步骤在同一检测路段选择 5 个测点测定渗水系数，取其平均值作为检测结果。

3. 计算

计算时以水面从 100mL 下降到 500mL 所需的时间为标准，若渗水时间过长，也可以采用 3min 通过的水量计算。路面渗水系数的计算公式为式（2-31）。

$$C_w = \frac{V_2 - V_1}{t_2 - t_1} \times 60 \tag{2-31}$$

式中　C_w——路面渗水系数（mL/min）；

V_1——第一次计时时的水量（mL），通常为 100mL；

V_2——第二次计时时的水量（mL），通常为 500mL；

t_1——第一次计时的时间（s）；

t_2——第二次计时的时间（s）。

4. 报告

现场检测，每一个检测路段应测定 5 个测点，计算其平均值作为检测结果。若路面不透水，在报告中注明渗水系数为 0。

【提示】

1. 路面表面渗水系数宜在路面成型后立即测定。

2. 用于渗水试验的密封材料对试验的成败起着至关重要的作用，所以在选择密封材料时应注意以下事项：

(1) 防水腻子：可以回收再次利用，残留在路面上也不会对行车造成危害，腻子本身具有一定的韧性，在一定的水头作用下不至于漏水，但是要注意选用新鲜的腻子，存放时要注意密封，存放时间较长或比较干燥的腻子不能再使用。

(2) 橡皮泥：比较好用，但试验成本较高。

(3) 黄油：对路面的污染比较厉害，残留在路面上的黄油会危及车辆的行驶，因此不宜采用黄油作为密封剂。

(4) 洗衣皂：省钱同时不污染路面。

3. 对渗水较快，水面从 100mL 降至 500mL 的时间不很长的情况，中间也可不读数；如果渗水太慢，则从水面降至 100mL 时开始，测记 3min 即可中止试验；若水面基本不动，说明路面不透水，则在报告中注明即可。

【知识链接】

沥青混凝土面层和沥青碎（砾）石面层渗水系数采用渗水试验仪检测，检验频率及合格标准参见表 2-14。

【工程检验控制实例】

某公路工程，采用沥青混凝土路面，现路面已施工完成，通过沥青路面渗水试验对路面渗水性能进行测定，结果见表 2-34、表 2-35。

沥青路面渗水试验检测记录 **表 2-34**

路线名称和编号	S103	样品编号	
测定时间	____年__月__日	测点桩号	K15+300
检测依据	《公路路基路面现场测试规程》JTG E60—2008	使用仪器名称、型号及编号	路面渗水仪 HDSS-Ⅱ型 GRJC-SB-054 秒表 SW2018 GRJC-SB-259

测点 1		测点 2		测点 3		测点 4		测点 5	
时间	读数	时间	读数	时间	读数	时间	读数	时间	读数
1min	260	1min	320	1min	270	1min	260	1min	230
2min	370	2min	420	2min	390	2min	310	2min	270
3min	410	3min	500	3min	420	3min	360	3min	360
4min		4min		4min		4min		4min	
5min		5min		5min		5min		5min	
6min		6min		6min		6min		6min	
7min		7min		7min		7min		7min	
8min		8min		8min		8min		8min	
9min		9min		9min		9min		9min	
10min		10min		10min		10min		10min	
11min		11min		11min		11min		11min	
12min		12min		12min		12min		12min	

续表

<table>
<tr><th colspan="6">计　算</th></tr>
<tr><td colspan="5" rowspan="7">沥青路面的渗水系数按下式计算，计算时以水面从 100mL 下降至 500mL 所需的时间为标准，若渗水时间过长，亦可采用 3min 通过的水量计算：
$$C_w=\frac{V_2-V_1}{t_2-t_1}\times 60$$
式中　C_w——路面渗水系数（mL/min）；
V_1——第一次计时时的水量（mL），通常为 100mL；
V_2——第二次计时时的水量（mL），通常为 500mL；
t_1——第一次计时的时间（s）；
t_2——第二次计时的时间（s）</td><td>结果计算</td></tr>
<tr><td>$C_{w_1}=103$</td></tr>
<tr><td>$C_{w_2}=133$</td></tr>
<tr><td>$C_{w_3}=107$</td></tr>
<tr><td>$C_{w_4}=87$</td></tr>
<tr><td>$C_{w_5}=87$</td></tr>
<tr><td>平均值 $C_w=103$</td></tr>
<tr><td>现场检测</td><td>—</td><td>数据计算</td><td>—</td><td>审核</td><td>—</td></tr>
</table>

沥青路面渗水试验检测报告　　　　**表 2-35**

检测项目	单位	标准要求	实测结果	检测方法标准条款	结论	备注
渗水系数	mL/min	≤300	103	JTG E60—2008（T0971—2008）	合格	K15+300 顺桩号行车道（沥青混凝土）

经检测路面渗水系数实测结果为 103mL/min，查表 2-14 可知标准要求为≤300mL/min，故路面渗水系数满足规范要求。

项目 3 桥梁工程质量检验与控制

【项目描述】

桥梁工程试验检测工作是桥梁工程施工技术管理中的一个重要组成部分，是施工质量控制和竣工验收工作中不可缺少的一个主要环节。桥梁工程检测工作为提高工程质量、推动施工技术进步起到极为重要的作用。

桥梁工程质量检验与控制主要包括：桥梁钢筋和预应力钢筋加工、安装及张拉，桥梁砌体工程，桥梁基础工程，桥梁墩、台身、盖梁工程，桥梁总体工程等内容。

任务 3.1　桥梁钢筋和预应力钢筋加工、安装及张拉

【任务描述】

某 3 跨预应力混凝土简支 T 梁桥正处在施工过程中，现根据《公路工程质量检验评定标准》对桥梁钢筋和预应力钢筋加工、安装及张拉的工程质量进行抽样检测。

【学习支持】

1. 试验检验依据：《公路桥涵施工技术规范》JTG/T F50—2011

《预应力筋用锚具、夹具和连接器应用技术规程》JGJ 85—2002

质量控制依据：《公路工程质量检验评定标准》JTG F80/1—2004

2. 试验检测适用范围及目的

（1）本方法适用于桥梁钢筋和预应力筋加工、安装及张拉实测。

（2）本方法能够完成桥梁钢筋和预应力筋加工、安装及张拉外观鉴定，为交工和竣工验收提供依据。

【任务实施】

1. 桥梁钢筋加工及安装的质量检验

（1）钢筋加工及安装基本要求

1）钢筋、机械连接器、焊条等的品种、规格和技术性能应符合国家现行标准规范规

定和设计要求，钢筋的两种连接方式如图 3-1、图 3-2 所示。

图 3-1　钢筋螺纹套筒连接

图 3-2　钢筋对焊连接

2）冷拉钢筋的机械性能必须符合规范要求，钢筋平直，表面不应有裂皮和油污。

3）受力钢筋同一截面的接头数量、搭接长度、焊接和机械接头质量应符合施工技术规范要求。

4）钢筋安装时，必须保证设计要求的钢筋根数。

5）受力钢筋应平直，表面不得有裂纹及其他损伤。

（2）桥梁钢筋加工、安装实测检查项目、规定值、允许偏差、检验方法和频率

钢筋安装实测项目见表 3-1，钢筋网实测项目见表 3-2，预制桩钢筋安装实测项目见表 3-3，灌注桩钢筋笼检验如图 3-3 所示，预应力 T 梁钢筋骨架检验如图 3-4 所示，钢筋网检验如图 3-5 所示，预制桩钢筋骨架如图 3-6 所示。

钢筋安装实测项目　　表 3-1

<table>
<tr><th>项次</th><th colspan="3">检查项目</th><th>规定值或允许偏差</th><th>检查方法和频率</th><th>权值</th></tr>
<tr><td rowspan="4">1Δ</td><td rowspan="4">受力钢筋间距（mm）</td><td colspan="2">两排以上排距</td><td>±5</td><td rowspan="4">尺量：每构件检查 2 个断面</td><td rowspan="4">3</td></tr>
<tr><td rowspan="2">同排</td><td>梁、板、拱肋</td><td>±10</td></tr>
<tr><td>基础、锚碇、墩台、柱</td><td>±20</td></tr>
<tr><td colspan="2">灌注桩</td><td>±20</td></tr>
<tr><td>2</td><td colspan="3">箍筋、横向水平钢筋、螺旋筋间距（mm）</td><td>±10</td><td>尺量：每构件检查 5～10 个间距</td><td>2</td></tr>
<tr><td rowspan="2">3</td><td colspan="2" rowspan="2">钢筋骨架尺寸</td><td>长</td><td>±10</td><td rowspan="2">尺量：按骨架总数 30％抽查</td><td rowspan="2">1</td></tr>
<tr><td>宽、高或直径</td><td>±5</td></tr>
<tr><td>4</td><td colspan="3">弯起钢筋位置（mm）</td><td>±20</td><td>尺量：每骨架抽查 30％</td><td>2</td></tr>
<tr><td rowspan="3">5Δ</td><td rowspan="3">保护层厚度（mm）</td><td colspan="2">柱、梁、拱肋</td><td>±5</td><td rowspan="3">尺量：每构件沿模板周边检查 8 处</td><td rowspan="3">3</td></tr>
<tr><td colspan="2">基础、锚碇、墩台</td><td>±10</td></tr>
<tr><td colspan="2">板</td><td>±3</td></tr>
</table>

注：1. 小型构件的钢筋安装按总数抽查 30％；
2. 在海水或腐蚀环境中，保护层厚度不应出现负值；
3. 标注“Δ”的项目为关键项目，即涉及结构安全和使用功能的重要实测项目。

图 3-3　灌注桩钢筋笼检验

图 3-4　预应力 T 梁钢筋骨架检验

钢筋网实测项目　　表 3-2

项次	检查项目	规定值或允许偏差	检查方法和频率	权值
1	网的长、宽（mm）	±10	尺量：全部	1
2	网眼尺寸（mm）	+10	尺量：抽查 3 个网眼	1
3	对角线差（mm）	15	尺量：抽查 3 个网眼对角线	1

图 3-5　钢筋网检验

图 3-6　预制桩钢筋骨架

预制桩钢筋安装实测项目　　表 3-3

项次	检查项目	规定值或允许偏差	检查方法和频率	权值
1Δ	纵钢筋间距（mm）	±5	尺量：抽查 3 个断面	3
2	箍筋、螺旋筋间距（mm）	+10	尺量：抽查 5 个间距	2
3Δ	纵向钢筋保护层厚度（mm）	±5	尺量：抽查 3 个断面，每个断面 4 处	3
4	桩顶钢筋网片位置（mm）	±5	尺量：每桩	1
5	桩尖纵向钢筋位置（mm）	±5	尺量：每桩	1

注：1. 在海水或腐蚀环境中，保护层厚度不应出现负值；
2. 标注"Δ"的项目为关键项目，即涉及结构安全和使用功能的重要实测项目。

（3）外观鉴定

1）钢筋表面无铁锈及焊渣。不符合要求时减 1～3 分。

2）多层钢筋网要有足够的钢筋支撑，保证骨架的施工刚度。不符合要求时减 1～3 分。

2. 预应力筋加工、安装及张拉的质量检验

（1）预应力筋的加工和张拉基本要求

1）预应力筋的各项技术性能必须符合国家现行标准规范规定和设计要求。

2）预应力束中的钢丝、钢绞线应梳理顺直，不得有缠绞、扭麻花现象，表面不应有损伤。

3）单根钢绞线不允许断丝。单根钢筋不允许断筋或滑移。

4）同一截面预应力筋接头面积不超过预应力筋总面积的25%，接头质量应满足施工技术规范的要求。

5）预应力筋张拉或放张时混凝土强度和龄期必须符合设计要求，严格按照设计规定的张拉顺序进行操作。

6）预应力钢丝采用镦头锚时，镦头应头形圆整，不得有斜歪或破裂现象。

7）制孔管道应安装牢固，接头密合，弯曲圆顺。锚垫板平面应与孔道轴线垂直。

8）千斤顶、油表、钢尺等器具应经检验校正。

9）锚具、夹具和连接器应符合设计要求，按施工技术规范的要求经检验合格后方可使用。

10）压浆工作在5℃以下进行时，应采取防冻或保温措施。

11）孔道压浆的水泥浆性能和强度应符合施工技术规范要求，压浆时排气孔、排水孔有水泥原浆溢出后方可封堵。

12）按设计要求浇筑封锚混凝土。

（2）预应力筋的加工和张拉的实测检查项目、规定值、允许偏差、检验方法和频率

钢丝、钢绞线先张法实测项目见表3-4，钢绞线先张法施工如图3-7所示，粗钢筋先张法实测项目见表3-5，粗钢筋先张法施工如图3-8所示，后张法实测项目见表3-6，钢绞线后张法施工如图3-9所示。

图3-7　钢绞线先张法施工

钢丝、钢绞线先张法实测项目　　表3-4

项次	检查项目		规定值或允许偏差	检查方法和频率	权值
1	镦头钢丝同束长度相对差（mm）	$L>20$m	$L/5000$ 及 5	尺量：每批抽查2束	2
		$20\geqslant L\geqslant 6$m	$L/3000$		
		$L<6$m	2		
2△	张拉应力值		符合设计要求	查油压表读数：每束	3

续表

项次	检查项目	规定值或允许偏差	检查方法和频率	权值
3Δ	张拉伸长率	符合设计规定，无设计规定时±6%	尺量：每束	3
4	同一构件内断丝根数不超过钢丝总数的百分数	1%	目测：每根（束）检查	3

注：1. L 为钢束长度；
2. 标注“Δ”的项目为关键项目，即涉及结构安全和使用功能的重要实测项目。

粗钢筋先张法实测项目　　表 3-5

项次	检查项目	规定值或允许偏差	检查方法和频率	权值
1	冷拉钢筋接头在同一平面内的轴线偏位（mm）	2 及直径/10	拉线用尺量：抽查 30%	2
2	中心偏位（mm）	4%短边及 5	尺量：全部	3
3Δ	张拉应力值	符合设计要求	查油压表读数：全部	3
4Δ	张拉伸长率	符合设计规定，无设计规定时±6%	尺量：全部	3

注：标注“Δ”的项目为关键项目，即涉及结构安全和使用功能的重要实测项目。

图 3-8　粗钢筋先张法施工

后张法实测项目　　表 3-6

项次	检查项目		规定值或允许偏差	检查方法和频率	权值
1	管道坐标（mm）	梁长方向	±30	尺量：抽查 30%，每根查 10 个点	1
		梁高方向	±10		
2	管道间距（mm）	同排	10	尺量：抽查 30%，每根查 5 个点	1
		上下层	10		
3Δ	张拉应力值		符合设计要求	查油压表读数：全部	4
4Δ	张拉伸长率		符合设计规定，无设计规定时±6%	尺量：全部	3

续表

项次	检查项目		规定值或允许偏差	检查方法和频率	权值
5	断丝滑丝数	钢束	每束1根，且每断面不超过钢丝总数的1%	目测：每根（束）	3
		钢筋	不允许		

注：标注“Δ”的项目为关键项目，即涉及结构安全和使用功能的重要实测项目。

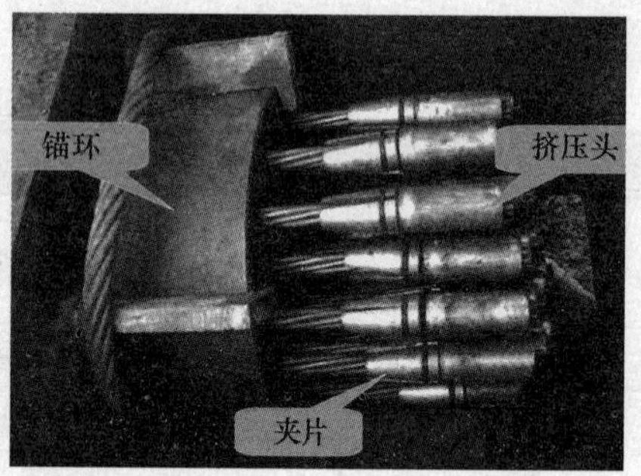

图 3-9　钢绞线后张法施工

（3）预应力筋加工、安装及张拉外观鉴定

预应力筋表面应保持清洁，不应有明显的锈迹，不符合要求时减1～3分。

【提示】

钢筋尺寸检验，要注意起始点位置的区别。

【知识链接】

1. 钢筋分类

按外形分：光圆钢筋、带肋钢筋（月牙形、螺纹形、人字形），如图3-10～图3-12所示。

图 3-10　月牙形带肋钢筋

图 3-11　螺纹形带肋钢筋

图 3-12　人字形带肋钢筋

2. 预应力锚具及千斤顶

常见的几种预应力锚具，千斤顶，螺丝端杆锚具如图3-13所示，夹片锚具如图3-14所示，锥形锚具如图3-15所示，拉杆式千斤顶如图3-16所示，锥锚式千斤顶如图3-17所示，穿心式千斤顶如图3-18所示。

图 3-13 螺丝端杆锚具

图 3-14 夹片锚具

图 3-15 锥形锚具

图 3-16 拉杆式千斤顶

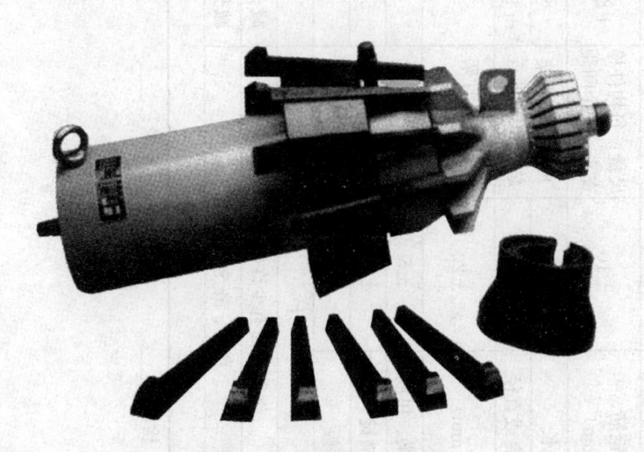

图 3-17 锥锚式千斤顶

图 3-18 穿心式千斤顶

【工程检测控制实例】

某座 3×20m 的装配式预应力混凝土简支 T 梁桥，采用柱式墩、重力式桥台，桥墩采用钻孔灌注桩基础，现对其钢筋工程进行质量检验评分。检验结果见表 3-7～表 3-9（标注“Δ”的项目为关键项目）。

钢筋加工及安装分项工程质量检验表

表 3-7

工程部位：桩基						施工单位：____							监理单位：____							
	项次	检查项目			规定值或允许偏差	检查方法和频率	实测值或实测偏差值										质量评定			
							1	2	3	4	5	6	7	8	9	10	平均值、代表值	合格率（%）	权值	得分
实测项目	1Δ	受力钢筋间距（mm）	两排以上排距		±5	尺量：每构件检查 2 个断面											—	100	3	100
			同排	梁、板、拱肋	±10															
				基础、锚碇、墩台、柱、灌注桩	±20															
					±20		+8	−10	−2	+5	+10									
	2	箍筋、横向水平钢筋、螺旋筋间距（mm）			±10	尺量：每构件检查 5～10 个间距	+8	−2	+8	−4							—	100	2	100
	3	钢筋骨架尺寸（mm）	长		±10	尺量：按骨架总数 30%抽查	+8	−2	+5								—	100	1	100
			宽、高或直径		±5		+4	−3	+5											
	4	弯起钢筋位置（mm）			±20	尺量：每骨架抽查 30%													2	
	5Δ	保护层厚度（mm）	柱、梁、拱肋		±5	尺量：每构件沿模板周边检查 8 处											—	100	3	100
			基础、锚锭、墩台		±10		+5	−8	+3	−6										
			板		±3															
	合计						平均得分＝∑(检查项目得分×权值)/∑检查项目权值＝100												100	
外观鉴定		钢筋表面有少许铁锈及焊渣					减分	3	监理意见	符合 JTG F80/1—2004 评定标准										
质量保证资料		真实、齐全、完整					减分	0												
工程质量等级评定		评分：97　　质量等级：合格																		

检验负责人：____　　检测：____　　记录：____　　复核：____　　检查日期：____年__月__日

表 3-8

钢丝、钢绞线先张法分项工程质量检验表

工程部位：现浇箱梁　　施工单位：____　　监理单位：____

	项次	检查项目		规定值或允许偏差	检查方法和频率	实测值或实测偏差值 1	2	3	4	5	6	7	8	9	10	质量评定 平均值、代表值	合格率（%）	权值	得分
实测项目	1	镦头钢丝同束长度相对差（mm）	$L>20m$	$L/5000$ 及 5	尺量：每批抽查 2 束													2	100
			$20m \leqslant L \leqslant 6m$	$L/3000$															
			$L<6m$	2		1	0	2	1	2						1	100		
	2△	张拉应力值		符合设计要求	查油压表读数：每束	39.6	39.8	39.6								39.7	100	3	100
	3△	张拉伸长率		符合设计规定，设计未规定时±6%	尺量：每束	+1	−2	+3	+4							—	100	3	100
	4	同一构件内断丝根数不超过钢丝总数的百分数		1%	目测：每根（束）检查	0	0	0	0							0	100	3	100
	合计					平均得分＝∑(检查项目得分×权值)/∑检查项目权值＝100													

外观鉴定	钢绞线表面有少许油污	减分	2	监理意见	符合 JTG F80/1—2004 评定标准
质量保证资料	真实、齐全、完整	减分	0		
工程质量等级评定	评分：98			质量等级：合格	

检验负责人：____　　检测：____　　记录：____　　复核：____　　检查日期：____年__月__日

后张法分项工程质量检验表

表 3-9

工程部位：预制箱梁　　施工单位：____　　监理单位：____

	项次	检查项目		规定值或允许偏差	检查方法和频率	实测值或实测偏差值										质量评定			
						1	2	3	4	5	6	7	8	9	10	平均值、代表值	合格率（%）	权值	得分
实测项目	1	管道坐标（mm）	梁长方向	±30	尺量:抽查 30%，每根查 10 个点	+8	−15	+13	−14	+12	−8	+20	−15	+20	−8	—	100	1	100
			梁高方向	±10		+8	−10	−4	+2	−7	+8	−8	+6	+2	−1				
	2	管道间距（mm）	同排	10	尺量:抽查 30%，每根查 5 个点	8	2	3	5	10	8	4	2	3	1	—	100	1	100
			上下层	10		5	10	8	5	10	8	6	5	4	7				
	3Δ	张拉应力值		符合设计要求	查油压表读数：全部	39.6	39.7	39.8	39	40	39.9	39	40	39	39	39.6	100	4	100
	4Δ	张拉伸长率		符合设计规定，设计未规定时±6%	尺量：全部	+1	−2	+3	+5	+2	−3	+1	+2	−4	+3	—	100	3	100
	5	断丝滑丝数	钢束	每束 1 根，且每断面不超过钢丝总数的 1%	目测：每根（束）	0	0	0	0	0	0	0	0	0	0	0	0	3	100
			钢筋	不允许															
	合计					平均得分＝∑(检查项目得分×权值)/∑检查项目权值＝100													
外观鉴定		钢绞线表面有少许锈蚀及油污			减分	3	监理意见	符合 JTG F80/1—2004 评定标准											
质量保证资料		真实、齐全、完整			减分	0													
工程质量等级评定						评分：97								质量等级：合格					

检验负责人：____　检测：____　记录：____　复核：____　检查日期：____年__月__日

任务 3.2　桥梁砌体工程

【任务描述】

某 30m 跨圬工拱桥已完成地基处理，开始砌体结构部分的施工，请对桥梁砌体工程进行质量检验。

【学习支持】

1. 试验检验依据：《公路桥涵施工技术规范》JTG/T F50—2011

质量控制依据：《公路工程质量检验评定标准》JTG F80/1—2004

2. 试验检测适用范围及目的

(1) 本方法适用于桥梁砌体检测。

(2) 本方法能够完成桥梁砌体结构外观鉴定，为交工和竣工验收提供依据。

【任务实施】

1. 桥梁基础砌体

(1) 桥梁基础砌体检测的基本要求

1) 石料或混凝土预制块的强度、质量和规格必须符合有关规范的要求，毛石砌体基础如图 3-19 所示。

2) 砂浆所用的水泥、砂和水的质量必须符合有关规范的要求，按规定的配合比施工。

3) 地基承载力应满足设计要求，严禁超挖回填虚土。

4) 砌块应错缝、坐浆挤紧，嵌缝料和砂浆饱满，无空洞、宽缝、大堆砂浆填隙和假缝。

图 3-19　毛石砌体基础

(2) 桥梁基础砌体实测检查项目、规定值、允许偏差、检验方法和频率

基础砌体实测项目见表 3-10。

基础砌体实测项目　　表 3-10

项次	检查项目		规定值或允许偏差	检查方法和频率	权值
1Δ	砂浆强度（MPa）		在合格标准内	参见《公路工程质量检验评定标准》JTG F80/1—2004 中的附录 F	3
2	轴线偏位（mm）		25	经纬仪：纵、横各测量 2 点	2
3	平面尺寸（mm）		±50	尺量：长、宽各 3 处	2
4	顶面高程（mm）		±30	水准仪：测 5～8 点	1
5Δ	基底高程（mm）	土质	±50	水准仪：测 5～8 点	2
		石质	+50，-200		

注：标注“Δ”的项目为关键项目，即涉及结构安全和使用功能的重要实训项目。

(3) 基础砌体的外观鉴定

1) 砌体表面应平整，不符合要求时减 1～3 分。

2) 砌缝不应有裂隙，不符合要求时减 1～3 分。裂隙宽度超过 0.5mm 时必须进行处理。

2. 墩台身砌体

(1) 墩台身砌体检测的基本要求

1) 石料或混凝土预制块的强度、质量和规格，必须符合有关规范的要求，砌体桥台如图 3-20 所示，砌体桥墩如图 3-21 所示。

图 3-20 砌体桥台

图 3-21 砌体桥墩

2) 砂浆所用的水泥、砂和水的质量必须符合有关规范的要求，按规定的配合比施工。

3) 砌块应错缝坐浆挤紧，嵌缝料和砂浆饱满，无空洞、宽缝、大堆砂浆填隙和假缝。

(2) 墩台砌体实测检查项目、规定值、允许偏差、检验方法和频率

墩台身砌体实测项目见表 3-11。

墩台身砌体实测项目 **表 3-11**

<table>
<tr><th>项次</th><th colspan="2">检查项目</th><th>规定值或允许偏差</th><th>检查方法和频率</th><th>权值</th></tr>
<tr><td>1Δ</td><td colspan="2">砂浆强度（MPa）</td><td>在合格标准内</td><td>参见《公路工程质量检验评定标准》JTG F80/1—2004 的附录 F</td><td>3</td></tr>
<tr><td>2</td><td colspan="2">轴线偏位（mm）</td><td>20</td><td>全站仪或经纬仪：纵、横各测量 2 点</td><td>1</td></tr>
<tr><td rowspan="3">3</td><td rowspan="3">墩台长、宽（mm）</td><td>料石</td><td>+20，−10</td><td rowspan="3">尺量：检查 3 个断面</td><td rowspan="3">1</td></tr>
<tr><td>块石</td><td>+30，−10</td></tr>
<tr><td>片石</td><td>+40，−10</td></tr>
<tr><td rowspan="2">4</td><td rowspan="2">竖直度或坡度</td><td>料石、块石</td><td>0.3%</td><td rowspan="2">垂线或经纬仪：纵、横各测量 2 处</td><td rowspan="2">1</td></tr>
<tr><td>片石</td><td>0.5%</td></tr>
</table>

续表

项次	检查项目		规定值或允许偏差	检查方法和频率	权值
5Δ	墩、台顶面高程（mm）		+10	水准仪：测量3点	2
6	大面积平整度（mm）	料石	10	2m直尺：检查竖直、水平两个方向，每20m²测1处	1
		块石	20		
		片石	30		

注：标注“Δ”的项目为关键项目，即涉及结构安全和使用功能的重要实测项目。

（3）墩台身砌体的外观鉴定

1）砌体直顺，表面平整，不符合要求时减1～3分。

2）勾缝平顺，无开裂和脱落现象，不符合要求时减1～3分。

3）砌缝不应有裂隙，不符合要求时减1～3分。裂隙宽度超过0.5mm时必须进行处理。

3. 拱圈砌体

（1）拱圈砌体检测的基本要求

1）石料或混凝土预制块的强度、质量和规格，必须符合有关规范的要求。

2）砂浆所用的水泥、砂和水的质量必须符合有关规范的要求，按规定的配合比施工。

3）拱圈的辐射缝应垂直于拱轴线，辐射缝两侧相邻两行拱石的砌缝应互相错开，错开距离不应小于100mm。

4）砌块应错缝、坐浆挤紧，嵌缝料和砂浆饱满，无空洞、宽缝、大堆砂浆填隙和假缝。

5）拱架应牢固稳定，严格按设计规定的顺序砌筑拱圈和卸架。

（2）拱圈砌体实测检查项目、规定值、允许偏差、检验方法和频率

拱圈砌体实测项目见表3-12。

拱圈砌体实测项目 **表3-12**

项次	检查项目		规定值或允许偏差	检查方法和频率	权值
1Δ	砂浆强度（MPa）		在合格标准内	参见《公路工程质量检验评定标准》JTG F80/1—2004的附录F	3
2	砌体外侧平面偏位（mm）	无镶面	+30，−10	经纬仪：检查拱脚、拱顶、1/4跨共5处	1
		有镶面	+20，−10		
3Δ	拱圈厚度（mm）		+30，−0	尺量：检查拱脚、拱顶、1/4跨共5处	2
4	相邻镶面石砌块表层错位（mm）	料石、混凝土预制块	3	拉线用尺量：检查3～5处	1
		块石	5		

续表

项次	检查项目		规定值或允许偏差	检查方法和频率	权值
5	内弧线偏离设计弧线（mm）	跨径≤30m	±20	水准仪或尺量：检查拱脚、拱顶、1/4 跨共 5 处高程	2
		跨径>30m	±1/1500 跨径		
		极值	拱腹四分点：允许偏差的 2 倍且反向		

注：1. 项次 2 平面偏位向外为“+”，向内为“−”；
2. 标注“Δ”的项目为关键项目，即涉及结构安全和使用功能的重要实测项目。

（3）拱圈砌体外观鉴定

1）拱圈轮廓线清晰，表面整齐。不符合要求时减 1～3 分。

2）勾缝平顺，无开裂和脱落现象。不符合要求时减 2～4 分。

3）砌缝不应有裂隙，不符合要求时减 1～3 分。裂隙宽度超过 0.5mm 时必须进行处理。

【提示】

（1）长、宽等尺寸检验，通常选用钢尺测量，最小刻度为 1mm。

（2）水泥砂浆强度评定方法见表 3-13。

水泥砂浆强度评定 **表 3-13**

试件	试件 6 件为 1 组，制取组数应符合下列规定	水泥砂浆强度的合格标准
边长 70.7mm 的立方体，标准养生 28d	1）不同强度等级及不同配合比的水泥砂浆应分别制取试件，试件应随机制取，不得挑选。 2）重要及主体砌筑物，每工作班制取 2 组。 3）一般及次要砌筑物，每工作班可制取 1 组。 4）拱圈砂浆应同时制取，与砌体同条件养生试件，以检查各施工阶段强度	1）同强度等级试件的平均强度不低于设计强度等级。 2）任意一组试件的强度最低值不低于设计强度等级的 75%。 3）实测项目中，水泥砂浆强度评为不合格时相应分项工程为不合格

【知识链接】

1. 基础砌筑

一般采用片石砌筑基础。先砌筑外圈定位行列，再浇筑里层。要顺丁交替，每隔 2～3 层找平一次。

2. 墩台身砌筑

基础完成后，首先检查平面位置和标高。桥墩先砌上下游圆头石或分水尖，桥台先砌四角转角石。墩台可用浆砌片石、块石、粗料石，内部一般用块石填腹。表面采用一顺一丁的方法砌筑。砌筑时要均匀升高，每隔 2～3 层大致找平一次。勾缝一般采用凸缝或平缝，浆砌规则的块材可采用凹缝。

第一层砌块，如基底为土质，不需坐浆；如基底为石质，应清洗、润湿后，先坐浆再砌石。

圆端形桥墩的圆端顶点不得有垂直灰缝，砌石应从顶端开始，然后依丁顺相间排列，接砌四周镶面石。

尖端形桥墩的尖端及转角处不得有垂直灰缝，砌石应从两端开始，再砌侧面转角，然后丁顺相间排列，接砌四周的镶面石。

3. 拱圈砌筑

分段砌筑：先同时砌筑两侧拱脚，然后沿拱圈方向向上砌筑，最后砌筑拱顶合拢。

分环砌筑：大跨度拱圈可采用2环或3环砌筑，砌筑一环合拢一环，砌筑完一环养护数日后再砌筑上一环，下环和拱架共同负担上环重力。上下环间应齿牙相接，以免产生剪切裂缝。

分阶段砌筑：为争取时间，使拱架受力均匀而采取同环分段及分层分阶段交叉砌筑方法。

25m以下一般半跨分三段；

25m以上增加分段数，每段≤8m；

拱圈较厚，拱石超过3层时，可分环分段砌筑，分环合拢。

（1）拱圈合拢

常见合拢方式有尖拱法和千斤顶法。

1）尖拱法（刹尖封顶）

小跨径拱圈可采用尖拱法完成拱圈合龙。

在砌筑拱顶石前，先在拱顶缺口中打入若干组木楔，使拱圈挤紧、拱起，然后嵌入拱顶石合龙。

2）千斤顶法

用千斤顶施加压力来调整拱圈应力，然后进行拱圈合龙。

应严格按照设计规定进行施工。如设计文件中无此要求时，不得采用。

（2）拱上砌体砌筑

拱上砌体砌筑应在主拱圈完成并达到一定强度后进行，常常是在砌筑拱上侧墙或横墙后才卸落拱架。为避免主拱产生过大的不均匀变形，应由拱脚向拱顶对称、均衡地砌筑。实腹式拱上建筑一般在卸架前进行。砌筑实腹拱上建筑时，应将其分成几部分进行，由拱脚向拱顶对称地、台阶式砌筑。拱腹填料可随侧墙砌筑顺序及进度填筑。填料数量较大时，宜在侧墙砌完后再分部填筑。空腹式拱，一般在卸架前施工腹拱墩，卸架后施工其他部分拱上建筑。

【工程检测控制实例】

某座3×30m的圬工拱桥，采用刚性扩大基础、砌体桥墩、重力式砌体桥台，已施工完毕，现对此桥的基础、桥墩进行质量检验评分，结果见表3-14、表3-15（标注“Δ”的项目为关键项目）。

基础砌体分项工程质量检验表

表 3-14

工程部位：基础　　施工单位：____　　监理单位：____

实测项目	项次	检查项目	规定值或允许偏差	检查方法和频率	实测值或实测偏差值 1	2	3	4	5	6	7	8	9	10	质量评定 平均值、代表值	合格率（%）	权值	得分
实测项目	1Δ	砂浆强度（MPa）	在合格标准内	JTG F80/1—2004 评定标准	10.2	9.8	9.5								9.8	100	3	100
	2	轴线偏位（mm）	25	经纬仪：纵、横各测量 2 点	12	10	13	15							—	100	2	100
	3	平面尺寸（mm）	±50	尺量：长、宽各 3 处	+28	−25	−13	+15	+12	−30					—	100	2	100
	4	顶面高程（mm）	±30	水准仪：测 5～8 点	+8	+12	−9	+15	−20						—	100	1	100
	5Δ	基底高程（mm） 土质	±50	水准仪：测 5～8 点	+15	+25	−10	−20	+8						—	100	2	100
		基底高程（mm） 石质	+50，−200															
	合计				平均得分＝∑(检查项目得分×权值)/∑检查项目权值＝100													

外观鉴定	砌体表面有少许蜂窝麻面	减分	2	监理意见	符合 JTG F80/1—2004 评定标准
质量保证资料	真实、齐全、完整	减分	0		
工程质量等级评定	评分：98			质量等级：合格	

检验负责人：____　　检测：____　　记录：____　　复核：____　　检查日期：____年__月__日

墩、台身砌体分项工程质量检验表

表 3-15

<table>
<tr><td colspan="5">工程部位：桥墩</td><td colspan="6">施工单位：___</td><td colspan="9">监理单位：___</td></tr>
<tr><td rowspan="2"></td><td rowspan="2">项次</td><td rowspan="2" colspan="2">检查项目</td><td rowspan="2">规定值或允许偏差</td><td rowspan="2">检查方法和频率</td><td colspan="10">实测值或实测偏差值</td><td colspan="4">质量评定</td></tr>
<tr><td>1</td><td>2</td><td>3</td><td>4</td><td>5</td><td>6</td><td>7</td><td>8</td><td>9</td><td>10</td><td>平均值、代表值</td><td>合格率（%）</td><td>权值</td><td>得分</td></tr>
<tr><td rowspan="11">实测项目</td><td>1Δ</td><td colspan="2">砂浆强度（MPa）</td><td>在合格标准内</td><td>参见《公路工程质量检验评定标准》JTG F80/1—2004</td><td>10.8</td><td>10.2</td><td>9.9</td><td></td><td></td><td></td><td></td><td></td><td></td><td></td><td>10.3</td><td>100</td><td>3</td><td>100</td></tr>
<tr><td>2</td><td colspan="2">轴线偏位（mm）</td><td>20</td><td>全站仪或经纬仪：纵、横各测量2点</td><td>15</td><td>10</td><td>12</td><td>8</td><td></td><td></td><td></td><td></td><td></td><td></td><td>—</td><td>100</td><td>1</td><td>100</td></tr>
<tr><td rowspan="3">3</td><td rowspan="3">墩台长、宽（mm）</td><td>料石</td><td>+20，−10</td><td rowspan="3">尺量：检查3个断面</td><td></td><td></td><td></td><td></td><td></td><td></td><td></td><td></td><td></td><td></td><td rowspan="3">—</td><td rowspan="3">100</td><td rowspan="3">1</td><td rowspan="3">100</td></tr>
<tr><td>块石</td><td>+30，−10</td><td></td><td></td><td></td><td></td><td></td><td></td><td></td><td></td><td></td><td></td></tr>
<tr><td>片石</td><td>+40，−10</td><td>+20</td><td>−8</td><td>+15</td><td></td><td></td><td></td><td></td><td></td><td></td><td></td></tr>
<tr><td rowspan="2">4</td><td rowspan="2">竖直度或坡度（%）</td><td>料石、块石</td><td>0.3</td><td rowspan="2">垂线或经纬仪：纵、横各测量2点</td><td></td><td></td><td></td><td></td><td></td><td></td><td></td><td></td><td></td><td></td><td rowspan="2">0.25</td><td rowspan="2">100</td><td rowspan="2">1</td><td rowspan="2">100</td></tr>
<tr><td>片石</td><td>0.5</td><td>0.2</td><td>0.1</td><td>0.4</td><td>0.3</td><td></td><td></td><td></td><td></td><td></td><td></td></tr>
<tr><td>5Δ</td><td colspan="2">墩、台顶面高程（mm）</td><td>±10</td><td>水准仪：测量3点</td><td>+8</td><td>−3</td><td>+5</td><td></td><td></td><td></td><td></td><td></td><td></td><td></td><td>—</td><td>100</td><td>2</td><td>100</td></tr>
<tr><td rowspan="3">6</td><td rowspan="3">大面积平整度（mm）</td><td>料石</td><td>10</td><td rowspan="3">2m直尺：检查竖直、水平两个方向，每20m²测1处</td><td></td><td></td><td></td><td></td><td></td><td></td><td></td><td></td><td></td><td></td><td rowspan="3">—</td><td rowspan="3">100</td><td rowspan="3">1</td><td rowspan="3">100</td></tr>
<tr><td>块石</td><td>20</td><td></td><td></td><td></td><td></td><td></td><td></td><td></td><td></td><td></td><td></td></tr>
<tr><td>片石</td><td>30</td><td>15</td><td>20</td><td>12</td><td></td><td></td><td></td><td></td><td></td><td></td><td></td></tr>
<tr><td colspan="9">合计</td><td colspan="10">平均得分=∑(检查项目得分×权值)/∑检查项目权值=100</td></tr>
<tr><td colspan="3">外观鉴定</td><td colspan="3">片石表面有少许泥土</td><td>减分</td><td>2</td><td rowspan="2">监理意见</td><td rowspan="2" colspan="11">符合 JTG F80/1—2004 评定标准</td></tr>
<tr><td colspan="3">质量保证资料</td><td colspan="3">真实、齐全、完整</td><td>减分</td><td>0</td></tr>
<tr><td colspan="3">工程质量等级评定</td><td colspan="9">评分：98</td><td colspan="8">质量等级：合格</td></tr>
</table>

检验负责人：___　检测：___　记录：___　复核：___　检查日期：___年__月__日

任务 3.3 桥梁基础工程

【任务描述】

某3跨预应力混凝土简支T梁桥正处于基础施工中，现根据《公路工程质量检验评定标准》对桥梁基础工程质量进行抽样检测。

【学习支持】

1. 试验检验依据：《公路桥涵施工技术规范》JTG/T F50—2011

质量控制依据：《公路工程质量检验评定标准》JTG F80/1—2004

2. 试验检测适用范围及目的

(1) 本方法适用于桥梁基础检测。

(2) 完成桥梁基础外观鉴定，为交工和竣工验收提供依据。

3. 基本概念

(1) 扩大基础是将墩（台）及上部结构传来的荷载由其直接传递至较浅的支承地基的一种基础形式，一般采用明挖基础的方法进行施工，故又称为明挖扩大基础或浅基础，如图3-22所示。

图 3-22　扩大基础

(2) 灌注桩是指在工程现场通过机械钻孔、钢管挤土或人工挖掘等方法在地基土中形成桩孔，并在其内放置钢筋笼、灌注混凝土而成的桩。依照成孔方法不同，灌注桩又可分为沉管灌注桩、钻孔灌注桩和挖孔灌注桩等。钻孔灌注桩是按成桩方法分类而定义的一种桩型，如图3-23所示。

(3) 预制桩是在工厂或施工现场制成的各种材料、各种形式的桩（如木桩、混凝土方桩、预应力混凝土管桩、钢桩等）。施工时用沉桩设备将桩打入、压入或振入土中。

工程领域采用较多的预制桩是混凝土预制桩和钢桩，预制桩施工如图3-24所示。混凝土预制桩能承受较大的荷载、坚固耐久、施工速度快，是广泛应用的桩型之一，但其施工对周围环境影响较大。常用的混凝土预制桩有混凝土实心方桩和预应力混凝土空心管桩。钢桩主要包括钢管桩和 H 型钢桩两种。

图 3-23　钻孔灌注桩

图 3-24　预制桩施工

【任务实施】

1. 扩大基础

(1) 扩大基础的基本要求

1) 所用的水泥、砂、石、水、外掺剂及混合材料的质量和规格必须符合有关规范的要求，按规定的配合比施工。

2) 不得出现露筋和空洞现象。

3) 基础的地基承载力必须满足设计要求。

4) 严禁超挖回填虚土。

(2) 桥梁扩大基础实测检查

扩大基础实测项目见表 3-16。

扩大基础实测项目　　表 3-16

项次	检查项目		规定值或允许偏差	检查方法和频率	权值
1Δ	砂浆强度（MPa）		在合格标准内	参见《公路工程质量检验评定标准》JTG F80/1—2004	3
2	平面尺寸（mm）		±50	尺量：长、宽各检查 3 处	2
3Δ	基础底面高程（mm）	土质	±50	水准仪：测量 5～8 点	2
		石质	+50，−200		
4	基础顶面高程（mm）		±30	水准仪：测量 5～8 点	1
5	轴线偏位（mm）		25	全站仪或经纬仪：纵、横各检查 2 点	2

注：标注“Δ”的项目为关键项目，即涉及结构安全和使用功能的重要实测项目。

(3) 扩大基础的外观鉴定

混凝土表面平整无明显施工接缝，不符合要求时减 1～3 分。

2. 钻孔灌注桩基础

(1) 钻孔灌注桩的基本要求

1) 桩身混凝土所用的水泥、砂、石、水、外掺剂及混合材料的质量和规格必须符合有关规范的要求，按规定的配合比施工。

2）成孔后必须清孔，测量孔径、孔深、孔位和沉淀层厚度，确认满足设计或施工技术规范要求后，方可灌注水下混凝土。

3）水下混凝土应连续灌注，严禁有夹层和断桩。

4）嵌入承台的锚固钢筋长度不得低于规范规定的最小锚固长度。

5）应选择有代表性的桩用无破损法进行检测，重要工程或重要部位的桩宜逐根进行检测。设计有规定或对桩的质量有怀疑时，应采取钻取芯样法对桩进行检测。

6）凿除桩头预留混凝土后，桩顶应无残余的松散混凝土。

（2）钻孔灌注桩基础实测检查

钻孔灌注桩实测项目见表3-17。

钻孔灌注桩实测项目　　表3-17

项次	检查项目			规定值或允许偏差	检查方法和频率	权值
1Δ	混凝土强度（MPa）			在合格标准内	参见《公路工程质量检验评定标准》JTG F80/1—2004	3
2Δ	桩位（mm）	群桩		100	全站仪或经纬仪：每桩检查	2
		排架桩	允许	50		
			极值	100		
3Δ	孔深（m）			不小于设计	测绳量：每桩测量	3
4Δ	孔径（mm）			不小于设计	探孔器：每桩测量	3
5	钻孔倾斜度（mm）			1%桩长，且不大于500	用测壁（斜）仪或钻杆垂线法：每桩检查	1
6Δ	沉淀厚度（mm）		摩擦桩	符合设计规定，设计未规定时按施工规范要求	沉淀盒或标准测锤：每桩检查	2
			支承桩	不大于设计规定		
7	钢筋骨架底面高程（mm）			±50	水准仪：测每桩骨架顶面高程后反算	1

注：标注“Δ”的项目为关键项目，即涉及结构安全和使用功能的重要实测项目。

（3）钻孔灌注桩的外观鉴定

1）无破损检测桩的质量有缺陷，但经设计单位确认仍可用时，应减3分。

2）桩顶面应平整，桩柱连接处应平顺且无局部修补，不符合要求时减1～3分。

3. 沉入桩基础

（1）沉桩的基本要求

1）混凝土桩所用的水泥、砂、石、水、外掺剂及混合材料的质量和规格必须符合有关规范的要求，按规定的配合比施工。

2）混凝土预制桩必须按表3-18检查合格后，方可沉桩。

3）钢管桩的材料规格、外形尺寸和防护应符合规范的要求。

4）用射水法沉桩，当桩尖接近设计高程时，应停止射水，用锤击或振动使桩达到设计高程。

5）桩的接头应严格执行规范要求，确保质量。

（2）沉入桩基础实测检查

预制桩实测项目见表3-18，沉桩实测项目见表3-19。

预制桩实测项目　　表3-18

项次	检查项目		规定值或允许偏差	检查方法和频率	权值
1Δ	混凝土强度（MPa）		在合格标准内	参见《公路工程质量检验评定标准》JTG F80/1—2004	3
2	长度（mm）		±50	尺量：每桩检查	1
3	横截面（mm）	桩的边长	±5	尺量：每预制件检查2个断面，检查10%	2
		空心桩空心（管芯）直径	±5		
		空心中心与桩中心偏差	±5		
4	桩尖对桩的纵轴线（mm）		10	尺量：抽查10%	1
5	桩纵轴线弯曲矢高（mm）		0.1%桩长，且不大于20	沿桩长拉线量，取最大矢高：抽查10%	1
6	桩顶面与桩纵轴线倾斜偏差（mm）		1%桩径或边长，且不大于3	角尺：抽检10%	1
7	接桩的接头平面与桩轴平面垂直度		0.5%	角尺：抽检20%	1

注：标注“Δ”的项目为关键项目，即涉及结构安全和使用功能的重要实测项目。

沉桩实测项目　　表3-19

项次	检查项目			规定值或允许偏差	检查方法和频率	权值
1Δ	桩位（mm）	群桩	中间桩	$d/2$且不大于250	全站仪或经纬仪：检查20%	2
			外缘桩	$d/4$		
		排架桩	顺桥方向	40		
			垂直桥轴方向	50		
2	桩尖高程（mm）			不高于设计规定	水准仪测桩顶面高程后反算：每桩检查	3
	贯入度（mm）			小于设计规定	与控制贯入度比较：每桩检查	
3	倾斜度	直桩		1%	垂线法：每桩检查	2
		斜桩		15%$\tan\theta$		

注：1. d为桩径或短边长度；
2. θ为斜桩轴线与垂线间的夹角；
3. 深水中采用打桩船沉桩时，其允许偏差应符合设计规定；
4. 当贯入度符合设计规定但桩尖高程未达到设计高程，应按施工技术规范的规定进行检验，并得到设计认可时，桩尖高程为合格；
5. 标注“Δ”的项目为关键项目，即涉及结构安全和使用功能的重要实测项目。

（3）沉桩的外观鉴定

1）预制桩的桩顶和桩尖不得有蜂窝、麻面现象。不符合要求时减1～3分。

2）桩头无劈裂，如有劈裂时应进行处理，并减1～3分。

4. 挖孔桩

（1）基本要求

1）桩身混凝土所用的水泥、砂、石、水、外掺剂及混合材料的质量和规格必须符合有关规范的要求，按规定的配合比施工。

2）挖孔达到设计深度后，应及时进行孔底处理，必须做到无松渣、淤泥等扰动软土层，使孔底情况满足设计要求。

3）嵌入承台的锚固钢筋长度不得小于规范规定的最小锚固长度要求。

（2）挖孔桩基础实测检查

挖孔桩实测项目见表3-20。

挖孔桩实测项目　　表 3-20

项次	检查项目			规定值或允许偏差	检查方法和频率	权值
1Δ	混凝土强度（MPa）			在合格标准内	参见《公路工程质量检验评定标准》JTG F80/1—2004	3
2Δ	桩位（mm）	群桩		100	全站仪或经纬仪：每桩检查	2
		排架桩	允许	50		
			极值	100		
3Δ	孔深（m）			不小于设计值	测绳量：每桩测量	3
4Δ	孔径（mm）			不小于设计值	探孔器：每桩测量	3
5	钻孔倾斜度（mm）			0.5%桩长，且不大于200	垂线法：每桩检查	1
6	钢筋骨架底面高程（mm）			±50	水准仪测骨架顶面高程后反算：每桩检查	1

注：标注“Δ”的项目为关键项目，即涉及结构安全和使用功能的重要实测项目。

（3）挖孔桩外观鉴定

1）无破损检测桩的质量有缺陷，但经设计单位确认仍可用时，应减3分。

2）桩顶面应平整，桩柱连接处应平顺且无局部修补，不符合要求时减1～3分。

5. 地下连续墙

（1）基本要求

1）混凝土所用的水泥、砂、石、水、外掺剂及混合材料的质量和规格必须符合有关规范的要求，按规定的配合比施工。

2）墙体的深度和宽度必须符合设计要求。

3）每一槽段成槽后，必须采取有效措施清底，并测量槽深、槽宽及倾斜度，符合规范要求后，方可灌注水下混凝土。

4）相邻两槽段墙体中心线在任一深度的偏差值不得超过60mm

5）水下混凝土应连续灌注，严禁有夹层和断墙。

6）灌注水下混凝土时，钢筋骨架不得上浮。

7）应处理好接头，防止间隔灌注时漏水漏浆。

8）墙顶应无松散混凝土。

（2）地下连续墙实测检查

地下连续墙实测项目见表3-21。

地下连续墙实测项目　　表3-21

项次	检查项目	规定值或允许偏差	检查方法和频率	权值
1Δ	混凝土强度（MPa）	在合格标准内	参见《公路工程质量检验评定标准》JTG F80/1—2004	3
2	轴线位置（mm）	30	全站仪或经纬仪：每槽段测2处	1
3	倾斜度（mm）	0.5%墙深	测壁（斜）仪或垂线法：每槽段测1处	1
4Δ	沉淀厚度	符合设计要求	沉淀盒或标准测锤：每槽段测1处	2
5	外形尺寸（mm）	+30，0	尺量：检查1个断面	1
6	顶面高程（mm）	±10	水准仪：每槽段测1～2处	1

注：标注“Δ”的项目为关键项目，即涉及结构安全和使用功能的重要实测项目。

（3）地下连续墙外观鉴定

1）墙体的裸露墙面应平整，外轮廓线应平顺，槽段内无突变转折现象。不符合要求时，减1～3分。

2）槽段之间连接处在基坑开挖时不透水、翻砂。不符合要求时，应进行处理，并减1～3分。

6. 沉井

（1）基本要求

1）混凝土桩所用的水泥、砂、石、水、外掺剂及混合材料的质量和规格必须符合有关规范的要求，按规定的配合比施工。

2）沉井下沉应在井壁混凝土达到规定强度后进行。浮式沉井在下水、浮运前，应进行水密性试验。

3）沉井接高时，各节的竖向中轴线应与第一节竖向中轴线相重合。接高前应纠正沉井的倾斜。

4）沉井下沉到设计高程时，应检查基底，确认符合设计要求后方可封底。

5）沉井下沉中出现开裂，必须查明原因，进行处理后才可继续下沉。

6）下沉应有完整、准确的施工记录。

（2）沉井基础实测检查

沉井实测项目见表3-22。

沉井实测项目　　表3-22

项次	检查项目		规定值或允许偏差	检查方法和频率	权值
1Δ	各节沉井混凝土强度（MPa）		在合格标准内	参见《公路工程质量检验评定标准》JTG F80/1—2004	3
2	沉井平面尺寸（mm）	长、宽	±0.5%边长，大于24m时±120	尺量：每节段	1
		半径	±0.5%半径，大于12m时±60		
3	井壁厚度（mm）	混凝土	+40，−30	尺量：每节段沿周边量4点	1
		钢壳和钢筋混凝土	±15		

续表

项次	检查项目		规定值或允许偏差	检查方法和频率	权值
4	沉井刃脚高程（mm）		符合设计规定	水准仪：测 4～8 处顶面高程反算	1
5Δ	中心偏位（纵、横向）（mm）	一般	1/50 井高	全站仪或经纬仪：测沉井两轴线交点	2
		浮式	1/50 井高＋250		
6	沉井最大倾斜度（纵、横方向）（mm）		1/50 井高	吊垂线：检查两轴线各 1～2 处	2
7	平面扭转角（°）	一般	1	全站仪或经纬仪：检查沉井两轴线	1
		浮式	2		

注：标注“Δ”的项目为关键项目，即涉及结构安全和使用功能的重要实测项目。

（3）外观鉴定

沉井接高时施工缝应清除浮浆和凿毛，不符合要求时减 1～3 分。

【提示】

根据《公路工程质量检验评定标准》JTG F80/1—2004，混凝土强度按如下方法评定：

评定水泥混凝土的抗压强度，应以标准养生 28d 龄期的试件为准。试件为边长 150mm 的立方体。试件 3 件为 1 组，制取组数应符合下列规定：

（1）不同强度等级及不同配合比的混凝土应在浇筑地点或拌合地点分别随机制取试件。

（2）浇筑一般体积的结构物（如基础、墩台等）时，每一单元结构物应制取 2 组。

（3）连续浇筑大体积结构时，每 80～200m^3 或每一工作班应制取 2 组。

（4）上部结构，主要构件长 16m 以下应制取 1 组，16～30m 制取 2 组，31～50m 制取 3 组，50m 以上者不少于 5 组。小型构件每批或每工作班至少应制取 2 组。

（5）每根钻孔桩至少应制取 2 组；桩长 20m 以上者不少于 3 组；桩径大、浇筑时间很长时，不少于 4 组。如换工作班时，每工作班应制取 2 组。

（6）构筑物（小桥涵、挡土墙）每座、每处或每工作班制取不少于 2 组。当原材料和配合比相同，并由同一拌合站拌制时，可几座或几处合并制取 2 组。

（7）应根据施工需要，另制取几组与结构物同条件养生的试件，作为拆模、吊装、张拉预应力、承受荷载等施工阶段的强度依据。

【知识链接】

桩身混凝土完整性检验

（1）钻芯法

钻芯法是从桩身混凝土中钻取芯样，通过对芯样的观察和测试确定桩的质量，以测定桩身混凝土的质量和强度。它还可用以检查混凝土灌注桩的沉渣和桩端持力层情况，钻芯后的灌注桩如图 3-25 所示，钻芯法所取得的芯样如图 3-26 所示。

特点：反映钻孔范围内的小部分混凝土质量，设备庞大，费工费时，钻孔取芯时间

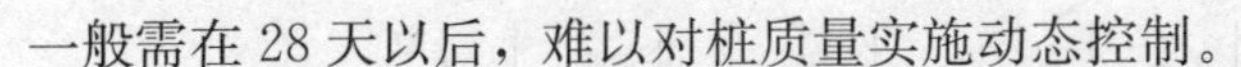

一般需在 28 天以后，难以对桩质量实施动态控制。

适用范围：不宜作为大面积控测方法，只用于抽样检查，对桩质量有怀疑时，一般抽检总桩量的 3%～5%，或作为无损检测结果的校核手段。

图 3-25　钻芯后的灌注桩

图 3-26　钻芯法所取得的芯样

(2) 超声脉冲检验法：该法是在检测混凝土缺陷的基础上发展起来的。其方法是在桩的混凝土灌注前沿桩的长度方向平行预埋若干根检测用管道，作为超声检测和接收换能器的通道。检测时探头分别在两个管子中同步移动，沿不同深度逐点测出横断面上超声脉冲穿过混凝土时的各项参数，并按超声波检测分析每个断面上混凝土质量，超声脉冲法检测如图 3-27 所示。

图 3-27　超声脉冲法检测

【工程检测控制实例】

某座 3×20m 的装配式预应力混凝土简支 T 梁桥，桥台采用扩大基础，桥墩采用钻孔灌注桩基础，基础部分现已施工完毕，现对此桥基础进行质量检验评分。结果见表 3-23、表 3-24（表中标注“Δ”的项目为关键项目）。

扩大基础分项工程质量检验表

表 3-23

工程部位：扩大基础				施工单位：____						监理单位：____									
实测项目	项次	检查项目		规定值或允许偏差	检查方法和频率	实测值或实测偏差值										质量评定			
						1	2	3	4	5	6	7	8	9	10	平均值、代表值	合格率（%）	权值	得分
	1Δ	混凝土强度（MPa）		在合格标准内	按 JTG F80/1—2004 附录 D 检查	32.4	33.1	32.1								32.5	100	3	100
	2	平面尺寸（mm）		±50	尺量：长、宽各检查 3 处	+8	+15	+16	−20	−14	+9					—	100	2	100
	3Δ	基础底面标高（mm）	土质	±50	水准仪：测量 5～8 点	+15	+18	−20	−15	+16						—	100	2	100
			石质	+50，−200															
	4	基础顶面标高（mm）		±30	水准仪：测量 5～8 点	+15	−20	+15	−14	+13						—	100	1	100
	5	轴线偏位（mm）		25	全站仪或经纬仪：纵、横各检查 2 点	15	10	20	13							—	100	2	100
	合计					平均得分＝∑（检查项目得分×权值）/∑检查项目权值＝100													
外观鉴定		混凝土表面有少许蜂窝麻面				减分	2	监理意见	符合 JTG F80/1—2004 评定标准										
质量保证资料		真实、齐全、完整				减分	0												
工程质量等级评定		评分：98										质量等级：合格							

检验负责人：____　检测：____　记录：____　复核：____　检查日期：____年__月__日

表 3-24

钻孔灌注桩分项工程质量检验表

工程部位：灌注桩　　施工单位：____　　监理单位：____

<table>
<tr><td rowspan="12">实测项目</td><td rowspan="2">项次</td><td colspan="3" rowspan="2">检查项目</td><td rowspan="2">规定值或允许偏差</td><td rowspan="2">检查方法和频率</td><td colspan="10">实测值或实测偏差值</td><td colspan="4">质量评定</td></tr>
<tr><td>1</td><td>2</td><td>3</td><td>4</td><td>5</td><td>6</td><td>7</td><td>8</td><td>9</td><td>10</td><td>平均值、代表值</td><td>合格率（%）</td><td>权值</td><td>得分</td></tr>
<tr><td>1Δ</td><td colspan="3">混凝土强度（MPa）</td><td>在合格标准内</td><td>参见 JTG F80/1—2004 评定标准附录 D</td><td>32.5</td><td>33.6</td><td>33.2</td><td></td><td></td><td></td><td></td><td></td><td></td><td></td><td>33.1</td><td>100</td><td>3</td><td>100</td></tr>
<tr><td rowspan="3">2Δ</td><td rowspan="3">桩位（mm）</td><td colspan="2">群桩</td><td>100</td><td rowspan="3">全站仪或经纬仪：每桩检查</td><td>25</td><td>16</td><td>35</td><td>28</td><td></td><td></td><td></td><td></td><td></td><td></td><td rowspan="3">—</td><td rowspan="3">100</td><td rowspan="3">2</td><td rowspan="3">100</td></tr>
<tr><td rowspan="2">排架桩</td><td>允许</td><td>50</td><td></td><td></td><td></td><td></td><td></td><td></td><td></td><td></td><td></td><td></td></tr>
<tr><td>极值</td><td>100</td><td></td><td></td><td></td><td></td><td></td><td></td><td></td><td></td><td></td><td></td></tr>
<tr><td>3Δ</td><td colspan="3">孔深（m）</td><td>不小于设计</td><td>测绳量：每桩测量</td><td>15.1</td><td>15.1</td><td>15.1</td><td>15.1</td><td></td><td></td><td></td><td></td><td></td><td></td><td>15.1</td><td>100</td><td>3</td><td>100</td></tr>
<tr><td>4Δ</td><td colspan="3">孔径（mm）</td><td>不小于设计</td><td>探孔器：每桩测量</td><td>1504</td><td>1508</td><td>1510</td><td>1505</td><td></td><td></td><td></td><td></td><td></td><td></td><td>1507</td><td>100</td><td>3</td><td>100</td></tr>
<tr><td>5</td><td colspan="3">钻孔倾斜度（mm）</td><td>1%桩长，且不大于 500</td><td>测壁（斜）仪或钻杆垂线法：每桩检查</td><td>200</td><td>150</td><td>100</td><td>120</td><td></td><td></td><td></td><td></td><td></td><td></td><td>—</td><td>100</td><td>1</td><td>100</td></tr>
<tr><td rowspan="2">6Δ</td><td rowspan="2">沉淀厚度（mm）</td><td colspan="2">摩擦桩</td><td>符合设计要求</td><td rowspan="2">沉淀盒或标准测锤：每桩检查</td><td></td><td></td><td></td><td></td><td></td><td></td><td></td><td></td><td></td><td></td><td rowspan="2">38</td><td rowspan="2">100</td><td rowspan="2">2</td><td rowspan="2">100</td></tr>
<tr><td colspan="2">支承桩</td><td>不大于设计规定</td><td>45</td><td>40</td><td>35</td><td>30</td><td></td><td></td><td></td><td></td><td></td><td></td></tr>
<tr><td>7</td><td colspan="3">钢筋骨架底面高程（mm）</td><td>±50</td><td>水准仪：测每桩骨架顶面高程后反算</td><td>+8</td><td>−20</td><td>+15</td><td>−14</td><td></td><td></td><td></td><td></td><td></td><td></td><td>—</td><td>100</td><td>1</td><td>100</td></tr>
<tr><td colspan="7">合　　计</td><td colspan="14">平均得分＝∑(检查项目得分×权值)/∑检查项目权值＝100</td></tr>
</table>

<table>
<tr><td>外观鉴定</td><td>桩顶混凝土有少许欠平整</td><td>减分</td><td>3</td><td rowspan="2">监理意见</td><td rowspan="2">符合 JTG F80/1—2004 评定标准</td></tr>
<tr><td>质量保证资料</td><td>真实、齐全、完整</td><td>减分</td><td>0</td></tr>
<tr><td>工程质量等级评定</td><td colspan="5">评分：97　　质量等级：合格</td></tr>
</table>

检验负责人：____　　检测：____　　记录：____　　复核：____　　检查日期：____年__月__日

任务3.4　桥梁墩、台身、盖梁工程

【任务描述】

某3跨预应力混凝土简支T梁桥已完成下部结构的施工，现由检测单位依据《公路工程质量检验评定标准》对桥梁墩、台身、盖梁工程质量进行抽样检测。

【学习支持】

1. 试验检验依据：《公路桥涵施工技术规范》JTG/T F50—2011

质量控制依据：《公路工程质量检验评定标准》JTG F80/1—2004

2. 试验检测适用范围及目的

（1）本方法适用于墩、台身、盖梁检测。

（2）本方法能够完成墩、台身、盖梁外观鉴定，为交工和竣工验收提供依据。

3. 基本概念

（1）多跨桥的中间支承结构称为桥墩。桥墩主要由顶帽、墩身组成。桥墩根据形状、构造、受力等可分为不同类型，下面简要介绍以下几种。

① 薄壁墩

主要分为钢筋混凝土薄壁墩、双壁墩以及V形墩三类。其共同特点是在横桥向的长度基本和其他形式的墩相同，但是在纵桥向的长度很小。双薄壁墩的优点是可以节省材料，减轻桥墩的自重，同时双壁墩可以增加桥墩的刚度，减小主梁支点负弯矩，增加桥梁美观，双薄壁墩如图3-28所示。V形墩可以间接减小主梁的跨度，使跨中弯矩减小，同时又具有拱桥的一些特点，更适合大跨度桥的建造。

图3-28　双薄壁墩

② 柔性墩

在多跨桥的两端设置刚性较大的桥台，中墩均为柔性墩。其墩体的整体刚度很小，在墩顶水平推力的作用下发生较大的水平位移。其优点是桥墩的水平推力是按各墩的刚度分配的，故分配到每个柔性墩上的水平推力很小，柔性墩如图3-29所示。

图 3-29　柔性墩

③ 柱式墩

柱式墩一般由基础上的承台、柱式墩身和盖梁组成。其优点是减轻墩身自重，节约圬工材料，比较美观，刚度和强度都较大，可在有漂流物和流冰的河流中使用，柱式墩如图 3-30 所示。

④ 桩式墩

桩式墩是将钻孔桩基础向上延伸作为桥墩的墩身，在桩顶浇筑盖梁。在墩位上的横向可以是一根或多根桩，设置一排桩时称为排桩墩。其优点是材料用量经济，施工简便，适合平原地区；其缺点是跨度不宜太大，一般小于 13m，且在有漂流物和流速过大的河流中不宜采用，桩式墩如图 3-31 所示。

图 3-30　柱式墩

图 3-31　桩式墩

⑤ 空心式桥墩

空心式桥墩可采用钢筋混凝土或混凝土。其优点是节省材料，减轻桥墩的自重，施工速度快，质量好，节省模板支架；其缺点是抵抗流水冲击和水中夹带的泥砂或冰块冲击力的能力差，不宜在有上述情况的河流中采用。

⑥ 重力式桥墩

重力式桥墩是实体的圬工墩，主要靠自身的重量来平衡外力，从而保证桥墩的强度和稳定。主要用C15或C15以上的片石混凝土浇筑，或用浆砌块石和料石砌筑，也可以用混凝土预制块砌筑。其优点是整体刚度大，抗倾覆性能以及承重性能很好；其缺点是自重大，跨度不宜过大。

(2) 桥台，位于桥梁两端，支承桥梁上部结构并和路堤相衔接的支撑结构物。其功能除传递桥梁上部结构的荷载到基础外，还具有抵挡桥台后的填土压力，稳定桥头路基，使桥头线路和桥上线路可靠而平稳地连接的作用。桥台具有多种形式，下面介绍以下3种类型：

① 重力式桥台的类型：重力式桥台依据桥梁跨径、桥台高度及地形条件的不同，有多种分类。常用的类型有U形桥台、埋置式桥台、八字式和一字式桥台等。重力式桥台在铁路桥上还有T形桥台、十字形桥台等形式。

U形桥台：由台身（前墙）、台帽、基础与两侧的翼墙组成，在平面上呈U字形。U形桥台构造简单，基础底承压面大，应力较小，但圬工体积大，桥台内的填土容易积水，结冰后冻胀，使桥台结构产生裂缝。

② 薄壁轻型桥台：常用的形式有悬臂式、扶壁式、撑墙式及箱式等。在一般情况下，悬臂式桥台的混凝土数量和用钢量较大，撑墙式与箱式的模板用量较大。薄壁桥台的优点与薄壁墩类同，可根据桥台高度，地基强度和土质等因素选定。

③ 框架式桥台

一般为双柱式桥台，当桥较宽时，为减少台帽跨度，可采用多柱式，或直接在桩上面建造台帽。框架式桥台均采用埋置式，台前设置溜坡。为满足桥台与路堤连接的需要，在台帽上部设置耳墙，必要时在台帽前方两侧设置挡板。

(3) 盖梁是为支承、分布和传递上部结构的荷载，在排架桩墩顶部设置的横梁，又称帽梁，如图3-32所示。

图3-32 盖梁

【任务实施】

1. 混凝土墩、台身浇筑

（1）基本要求

1）混凝土所用的水泥、砂、石、水、外掺剂及混合材料的质量和规格，必须符合有关技术规范的要求，按规定的配合比施工。

2）不得出现空洞和露筋现象。

（2）实测项目

墩、台身实测项目见表 3-25，柱或双壁墩身实测项目见表 3-26。

墩、台身实测项目　　　表 3-25

项次	检查项目	规定值或允许偏差	检查方法和频率	权值
1Δ	混凝土强度（MPa）	在合格标准内	参见《公路工程质量检验评定标准》JTG F80/1—2004 中的附录 F	3
2	断面尺寸（mm）	±20	尺量：检查 3 个断面	2
3	竖直度或斜度（mm）	0.3%H 且不大于 20	吊垂线或经纬仪：测量 2 点	2
4	顶面高程（mm）	±10	水准仪：测量 3 处	2
5Δ	轴线偏位（mm）	10	全站仪或经纬仪：纵、横各测量 2 点	2
6	节段间错台（mm）	5	尺量：每节检查 4 处	1
7	大面积平整度（mm）	5	2m 直尺：检查竖直、水平两个方向，每 20m² 测 1 处	1
8	预埋件位置（mm）	10 或设计要求	尺量：每件	1

注：1. H 为墩、台身高度；
　　2. 标注“Δ”的项目为关键项目，即涉及结构安全和使用功能的重要实测项目。

柱或双壁墩身实测项目　　　表 3-26

项次	检查项目	规定值或允许偏差	检查方法和频率	权值
1Δ	混凝土强度（MPa）	在合格标准内	参见《公路工程质量检验评定标准》JTG F80/1—2004 中的附录 F	3
2	相邻间距（mm）	±20	尺或全站仪测量：检查顶、中、底 3 处	1
3	竖直度（mm）	0.3%H 且不大于 20	吊垂线或经纬仪：测量 2 点	2
4	柱（墩）顶高程（mm）	±10	水准仪：测量 3 处	2
5Δ	轴线偏位（mm）	10	全站仪或经纬仪：纵、横各测量 2 点	2
6	断面尺寸（mm）	±15	尺量：检查 3 个断面	1
7	节段间错台（mm）	3	尺量：每节检查 2～4 处	1

注：1. H 为墩身或柱高度；
　　2. 标注“Δ”的项目为关键项目，即涉及结构安全和使用功能的重要实测项目。

（3）外观鉴定

1）混凝土表面平整，施工缝平顺，棱角线平直，外露面色泽一致。不符合要求时减 1～3 分。

2）蜂窝麻面面积不得超过总面积的 0.5%，不符合要求时，每超过 0.5%减 3 分；深度超过 1cm 时必须处理。

3）混凝土表面出现非受力裂缝时减 1～3 分，裂缝宽度超过设计规定或设计未规定时超过 0.15mm 必须处理。

4）施工临时预埋件或其他临时设施未清除处理时减 1～2 分。

2. 墩、台身安装

（1）基本要求

1）墩、台身预制件经检验合格后，方可进行安装。

2）墩、台柱埋入基座坑内的深度和砌块墩、台埋置深度必须符合设计规定。

（2）实测项目

墩、台身安装实测项目见表 3-27。

墩、台身安装实测项目 **表 3-27**

项次	检查项目	规定值或允许偏差	检查方法和频率	权值
1Δ	轴线偏位（mm）	10	全站仪或经纬仪：纵、横各测量 2 点	3
2	顶面高程（mm）	±10	水准仪：检查 4～8 处	2
3	倾斜度（mm）	0.3%墩、台高，且不大于 20	吊垂线：检查 4～8 处	2
4	相邻墩、台柱间距	±15	尺量或全站仪：检查 3 处	1

注：标注“Δ”的项目为关键项目，即涉及结构安全和使用功能的重要实测项目。

（3）外观鉴定

墩、台表面应平整，接缝应密实饱满，均匀整齐。不符合要求时减 1～3 分。

3. 墩、台帽或盖梁

（1）基本要求

1）混凝土所用的水泥、砂、石、水、外掺剂及混合材料的质量和规格必须符合有关技术规范的要求，按规定的配合比施工。

2）不得出现露筋和空洞现象。

（2）实测项目

墩、台帽或盖梁实测项目见表 3-28。

墩、台帽或盖梁实测项目 **表 3-28**

项次	检查项目	规定值或允许偏差	检查方法和频率	权值
1Δ	混凝土强度（MPa）	在合格标准内	参见《公路工程质量检验评定标准》JTG F80/1—2004 中的附录 F	3
2	断面尺寸（mm）	±20	尺量：检查 3 个断面	2
3Δ	轴线偏位（mm）	10	全站仪或经纬仪：纵、横各测量 2 点	2
4	顶面高程（mm）	±10	水准仪：检查 3～5 点	2
5	支座垫石预留位置（mm）	10	尺量：每个	1

注：标注“Δ”的项目为关键项目，即涉及结构安全和使用功能的重要实测项目。

（3）外观鉴定

1）混凝土表面平整、光洁，棱角线平直。不符合要求时减 1～3 分。

2）墩、台帽和盖梁如出现蜂窝麻面，必须进行修整，并减1～4分。

3）墩、台帽和盖梁出现非受力裂缝时减1～3分，裂缝宽度超过设计规定或设计未规定时超过0.15mm必须处理。

4. 拱桥组合桥台

（1）基本要求

1）地基强度必须满足设计要求。

2）组合桥台的各个组成部分，其接触面必须紧贴。

3）阻滑板不得断裂。

4）必须对组合桥台的位移、沉降、转动及各部分是否紧贴进行观测，提供观测数据。

5）拱桥台背填土必须在承受拱圈水平推力之前完成，并应控制填土进度，防止桥台出现过大的变位。

（2）实测项目

除需评定各组成部分自身的质量外，还需评定其组合性能，见表3-29。

拱桥组合桥台实测项目　　表3-29

项次	检查项目	规定值或允许偏差	检查方法和频率	权值
1	架设拱圈前，台后沉降完成量	设计值的85%以上	水准仪：测量台后上、下游两侧填土后至架设拱圈前高程差	2
2	台身后倾率	1/250	吊垂线：检查沉降缝分离值推算	2
3Δ	架设拱圈前台后填土完成量	90%以上	按填土状况推算，每台	3
4Δ	拱建成后桥台水平位移	在设计允许值内	全站仪或经纬仪：检查预埋测点，每台	3

注：标注“Δ”的项目为关键项目，即涉及结构安全和使用功能的重要实测项目。

（3）外观鉴定

1）各组成部分接触面不平整者，减3～5分。

2）各组成部分接近桥面的顶面如因沉降不同而有错台时减3～5分，错台大时必须整修。

5. 台背填土

（1）基本要求

1）台背填土应采用透水性材料或设计规定的填料，严禁采用腐殖土、盐渍土、淤泥、白垩土、硅藻土和冻土块。填料中不应含有机物、冰块、草皮、树根等杂物及生活垃圾。

2）必须分层填筑压实，每层表面平整，路拱合适。

3）台身强度达到设计强度的75%以上时，方可进行填土。

4）拱桥台背填土必须在承受拱圈水平推力以前完成。

5）台背填土的长度，不得小于规范规定，即台身顶面处不小于桥台高度加2m，底面不小于2m；拱桥台背填土长度不应小于台高的3～4倍。

（2）实测项目

除台背填土压实度见表 3-30 外，其余按路基要求进行评定。

台背填土实测项目　　表 3-30

项次	检查项目	规定值或允许偏差		检查方法和频率	权值
		高速、一级公路	二、三、四级公路		
1	压实度（%）	96	94	每 $50m^2$ 每压实层至少检查 1 点	1

（3）外观鉴定

1）填土表面平整，边线直顺。不符合要求时，减 1～3 分。

2）边坡坡面平顺稳定，不得亏坡，曲线圆滑。不符合要求时，减 1～5 分。

【提示】

大面积平整度检验，主要借助塞尺，结果取整数。

【知识链接】

1. 垂线检验

（1）适用范围：高度较低的构筑物以及构件的垂直度检验。

（2）检验工具：钢尺、塞尺、靠尺。

（3）检验步骤

1）墙面

选位——放置靠尺，线坠下垂——量测——计算、评定。

① 一般分别选取两端和中间的部位进行检验。

② 量两个数：靠尺的刻度长和偏移的距离。

2）构筑物、构件

选位——放置靠尺，线坠下垂——量测——计算、评定。

① 一般选取轴线进行检验。

② 量出偏移量之后，再计算角度。

2. 经纬仪检验

（1）适用范围：高度较高或者结构复杂的构筑物以及构件的垂直度检验（垂线法检验有困难）。

（2）检验工具：经纬仪、钢尺。

（3）检验步骤：验桩——画线——架设经纬仪——量测——计算、评定。

验桩：对定位桩进行校核。

画线：在构筑物的表面画出中心线，大型构筑物至少在顶端和底部分别标记中心线位置，当构筑物表面及棱角整齐时，也可用边线和棱线代替。

架设经纬仪：在检测部位的控制桩上架设仪器，使经纬仪所视方向正好在该构筑物设计轴线位置方向。

量测：

竖直度：用两个控制桩固定视轴的方向（垂直方向）；再用经纬仪竖丝上下扫描，

读取中心线与竖丝最大距离，用钢尺读取该距离，再计算。这个值表示构筑物在被检测面的竖直度，用同样方法测另一个检验面的竖直度，取两者中较大值作为该构件竖直度。

倾斜度：与竖直度检验的方法相同，只是要注意斜桩要随着施工的进行，从就位到沉桩过程到最后钻完桩都要检验，及时控制倾斜度。

桩是细长构件，在横向受力时的承载力远小于轴向受力时的承载力。提高桩的横向承载力及减小位移的方法一般为加大桩身上部尺寸或刚度，增加上部土层对桩的抗力，或改用斜桩、叉桩。

造成直桩倾斜的原因是土质不均匀，或者是较大较硬的石头。

3. 平整度检验

(1) 适用范围：适用于小型构筑物的表面或者模板的检查。

(2) 检验工具：直尺（2m）、楔形塞尺、钢板尺或钢卷尺。

(3) 检验方法：2m 直尺。

(4) 检验步骤：选位——画线及编码——抽样——量测——记录——结果计算、统计。

注意事项：直尺放置要尽量平稳。

【工程检测控制实例】

某座 50m＋120m＋50m 的三跨连续梁桥，采用柱式墩、重力式 U 形桥台，下部结构已施工完毕，现对此桥墩、台、盖梁进行质量检验评分。结果见表 3-31～表 3-33（标注“Δ”的项目为关键项目）。

任务 3.5　桥梁总体工程

【任务描述】

某 3 跨预应力混凝土简支 T 梁桥已施工完毕，现由质量监督部门、质量检测机构依据《公路工程质量检验评定标准》JTG F80/1—2004 对工程质量进行检测。

【学习支持】

1. 检测评定依据：《公路工程质量检验评定标准》JTG F80/1—2004

2. 桥梁工程试验检测的内容

桥梁工程试验检测的内容随桥涵所处位置、结构形式和所用材料不同而不同，应根据所建桥梁的具体情况按有关标准规范选定试验检测项目，一般常规桥梁试验检测的主要内容包括：

(1) 施工准备阶段的试验检测项目

① 桥位放样测量；

② 钢材原材料试验；

表 3-31

桥台分项工程质量检验表

工程部位：0号桥台台身					施工单位：___							监理单位：___					
基本要求					所用原材料符合设计和规范要求，无空洞和露筋现象												
	项次	检查项目	规定值或允许偏差	检查方法和频率	实测值或实测偏差值										质量评定			
					1	2	3	4	5	6	7	8	9	10	平均值、代表值	合格率（%）	权值	得分
实测项目	1Δ	混凝土强度（MPa）	C25	参见 JTG F80/1—2004 评定标准附录 D	32.1	32.5	32.4								32.3	100	3	100
	2	断面尺寸（mm）	±20	尺量：检查3个断面	+15	+12	+10								—	100	2	100
	3	竖直度或斜度（mm）	0.3%H且不大于20	吊垂线或经纬仪：测量2点	15	10									—	100	2	100
	4	顶面高程（mm）	±10	水准仪：测量3处	+8	−6	+5								—	100	2	100
	5Δ	轴线偏位（mm）	10	全站仪或经纬仪：纵、横各测量2点	8	6	2	5							—	100	2	100
	6	节段间错台（mm）	5	尺量：每节检查4处	2	4	3	5							—	100	1	100
	7	大面积平整度（mm）	5	2m直尺：检查竖直、水平两个方向，每$20m^2$测1处	4	3	2	4							—	100	1	100
	8	预埋件位置（mm）	符合设计规定，设计未规定时10	尺量：每件	5	4	6	8							—	100	1	100
合计					平均得分＝Σ(检查项目得分×权值)/Σ检查项目权值＝100													
外观鉴定		混凝土表面有少许蜂窝麻面			减分	3	监理意见	符合 JTG F80/1—2004 评定标准										
质量保证资料		真实、齐全、完整			减分	0												
工程质量等级评定		评分：97										质量等级：合格						

检验负责人：___ 检测：___ 记录：___ 复核：___ 检查日期：___年__月__日

桥墩分项工程质量检验表　　　　**表 3-32**

工程部位：2 号柱式墩				施工单位：___							监理单位：___							
	项次	检查项目	规定值或允许偏差	检查方法和频率	实测值或实测偏差值										质量评定			
					1	2	3	4	5	6	7	8	9	10	平均值、代表值	合格率（%）	权值	得分
实测项目	1Δ	混凝土强度（MPa）	在合格标准内	参见 JTG F80/1—2004 评定标准附录 D	32.5	33.1	33.4								33.0	100	3	100
	2	相邻间距（mm）	±20	尺量或全站仪：检查顶、中、底 3 处	+8	−5	+4								—	100	1	100
	3	竖直度（mm）	0.3%H 且不大于 20	吊垂线或经纬仪：测量 2 点	10	8									—	100	2	100
	4	柱（墩）顶高程（mm）	±10	水准仪：测量 3 处	+8	+5	+3								—	100	2	100
	5Δ	轴线偏位（mm）	10	全站仪或经纬仪：纵、横各测量 2 点	5	8	4	7							—	100	2	100
	6	断面尺寸（mm）	±15	尺量：检查 3 个断面	+8	−10	+6								—	100	1	100
	7	节段间错台（mm）	5	尺量：每节检查 2～4 处	3	4	2	5							—	100	1	100
	合　计				平均得分＝∑(检查项目得分×权值)/∑检查项目权值＝100													
外观鉴定		混凝土表面有少许蜂窝麻面		减分	3	监理意见	符合 JTG F80/1—2004 评定标准											
质量保证资料		真实、齐全、完整		减分	0													
工程质量等级评定		评分：97					质量等级：合格											

检验负责人：___　　检测：___　　记录：___　　复核：___　　检查日期：___年__月__日

盖梁分项工程质量检验表 表 3-33

工程部位：盖梁	施工单位：___	监理单位：___

	项次	检查项目	规定值或允许偏差	检查方法和频率	实测值或实测偏差值										质量评定			
					1	2	3	4	5	6	7	8	9	10	平均值、代表值	合格率（%）	权值	得分
实测项目	1△	混凝土强度（MPa）	在合格标准内	参见 JTG F80/1—2004 评定标准附录 D	36.3	36.4	36.5								36.4	100	3	100
	2	断面尺寸（mm）	±20	尺量：检查 3 个断面	+8	+10	+6								—	100	2	100
	3△	轴线偏位（mm）	10	全站仪或经纬仪：纵、横各测量 2 点	8	6	7	5							—	100	2	100
	4△	顶面高程（mm）	±10	水准仪：检查 3～5 点	+8	−8	+5	−7	+5						—	100	2	100
	5	支座垫石预留位置（mm）	10	尺量：每个	8	7	10	6							—	100	1	100
	合计				平均得分＝∑(检查项目得分×权值)/∑检查项目权值＝100													

外观鉴定	盖梁表面有少许蜂窝麻面	减分	2	监理意见	符合 JTG F80/1—2004 评定标准
质量保证资料	真实、齐全、完整	减分	0		
工程质量等级评定	评分：98				质量等级：合格

检验负责人：___ 检测：___ 记录：___ 复核：___ 检查日期：____年__月__日

③ 钢结构连接性能试验；
④ 预应力锚具、夹具和连接器试验；
⑤ 水泥性能试验；
⑥ 混凝土粗细集料试验；
⑦ 混凝土配合比试验；
⑧ 砌体材料性能试验；
⑨ 台后压实标准试验；
⑩ 其他成品、半成品试验检测。

(2) 施工过程中的试验检测

① 地基承载力试验检测，如图 3-33 所示；
② 基础位置、尺寸和标高检测；
③ 钢筋位置、尺寸和标高检测；
④ 钢筋加工检测；
⑤ 混凝土强度抽样试验；
⑥ 砂浆强度抽样试验；
⑦ 桩基检测，如图 3-34 所示；
⑧ 墩、台位置、尺寸和标高检测；
⑨ 上部结构（构件）位置、尺寸检测；
⑩ 预制构件张拉、运输和安装强度控制试验；
⑪ 预应力张拉控制检测；
⑫ 桥梁上部结构标高、变形、内力（应力）监测；
⑬ 支架内力、变形和稳定性监测；
⑭ 钢结构连接加工检测；
⑮ 钢构件防护涂装检测。

图 3-33　地基承载力试验

图 3-34　桩基承载力试验

(3) 施工完成后的试验检测

① 桥梁总体检测；
② 桥梁荷载试验，包括静载和动载试验，如图 3-35、图 3-36 所示；
③ 桥梁使用性能检测。

图 3-35　桥梁动载试验

图 3-36　桥梁静载试验

3. 桥涵单位、分部及分项工程的划分

特大斜拉桥和悬索桥为主体建设项目的工程划分见表 3-34。

特大斜拉桥和悬索桥为主体建设项目的工程划分　　表 3-34

单位工程	分部工程	分项工程
塔及辅助、过渡墩（每座）	塔基础 *	钢筋加工及安装，扩大基础，桩基 *，地下连续墙 *，沉井 * 等
	塔承台 *	钢筋加工及安装，双壁钢围堰 *，封底，承台浇筑 * 等
	索塔 *	索塔 *
	辅助墩	钢筋加工，基础，墩台身浇（砌）筑，墩台身安装，墩台帽，盖梁等
	过渡墩	
锚碇	锚碇基础 *	钢筋加工及安装，扩大基础，桩基 *，地下连续墙 *，沉井 *，大体积混凝土构件 * 等
	锚体 *	锚固体系制作 *，锚固体系安装 *，锚碇块体，预应力锚索的张拉与压浆 * 等
上部结构制作与防护（钢结构）	斜拉索 *	斜拉索制作与防护 *
	主缆（索股） *	索股和锚头的制作与防护 *
	索鞍 *	主索鞍和散索鞍制作与防护 *
	索夹	索夹制作与防护
	吊索	吊索和锚头制作与防护 * 等
	加劲梁 *	加劲梁段制作 *，加劲梁防护 * 等
上部结构浇筑与安装	悬浇 *	梁段浇筑 *
	安装 *	加劲梁安装 *，索鞍安装 *，主缆架设 *，索夹和吊索安装 * 等
	工地防护 *	工地防护 *
	桥面系及附属工程	桥面防水层的施工，桥面铺装，钢桥面板上防水粘结层的洒布，钢桥面板上沥青混凝土铺装 *，支座安装 *，抗风支座安装，伸缩缝安装，人行道铺设，栏杆安装，防撞护栏等
	桥梁总体 *	桥梁总体

注：表内标注 * 号者为主要工程，评分时给以 2 的权值；不带 * 号者为一般工程，权值为 1。

【任务实施】

某座 3×20m 的装配式预应力混凝土简支 T 梁桥，采用柱式墩、重力式桥台，桥墩采用钻孔灌注桩基础，桥台采用扩大基础，对此桥进行质量评分。

1. 分项工程质量评分

根据该桥结构可以得出其分项工程包括：桩基、扩大基础、柱、盖梁、预制梁、桥面铺装等。下面以上部构造预制和安装为例，进行分项工程评分。

（1）预制梁（板）

1）基本要求

① 所用的水泥、砂、石、水、外掺剂及混合材料的质量和规格必须符合有关规范的要求，按规定的配合比施工。

② 梁（板）不得出现露筋和空洞现象。

③ 空心板采用胶囊施工时，应采取有效措施防止胶囊上浮。

④ 梁（板）在吊移出预制底座时，混凝土的强度不得低于设计所要求的吊装强度。

2）预制梁（板）实测项目

预制梁（板）实测项目见表 3-35。

梁（板）预制实测项目　　**表 3-35**

<table>
<tr><th>项次</th><th colspan="3">检查项目</th><th>规定值或允许偏差</th><th>检查方法和频率</th><th>权值</th></tr>
<tr><td>1Δ</td><td colspan="3">混凝土强度（MPa）</td><td>在合格标准内</td><td>参见《公路工程质量检验评定标准》JTG F80/1—2004</td><td>3</td></tr>
<tr><td>2</td><td colspan="3">梁（板）长度（mm）</td><td>＋15，－10</td><td>尺量：每梁（板）</td><td>1</td></tr>
<tr><td rowspan="4">3</td><td rowspan="4">宽度（mm）</td><td colspan="2">干接缝（梁翼缘、板）</td><td>±10</td><td rowspan="4">尺量：检查 3 处</td><td rowspan="4">1</td></tr>
<tr><td colspan="2">湿接缝（梁翼缘、板）</td><td>±20</td></tr>
<tr><td rowspan="2">箱梁</td><td>顶宽</td><td>±30</td></tr>
<tr><td>底宽</td><td>±20</td></tr>
<tr><td rowspan="2">4</td><td rowspan="2">高度（mm）</td><td colspan="2">梁、板</td><td>±5</td><td rowspan="2">尺量：检查 2 处</td><td rowspan="2">1</td></tr>
<tr><td colspan="2">箱梁</td><td>＋0，－5</td></tr>
<tr><td rowspan="3">5Δ</td><td rowspan="3">断面尺寸（mm）</td><td colspan="2">顶板厚</td><td rowspan="3">＋5，－0</td><td rowspan="3">尺量：检查 3 个断面</td><td rowspan="3">2</td></tr>
<tr><td colspan="2">底板厚</td></tr>
<tr><td colspan="2">腹板或梁肋</td></tr>
<tr><td>6</td><td colspan="3">平整度（mm）</td><td>5</td><td>2m 直尺：每侧面每梁长测 1 处</td><td>1</td></tr>
<tr><td>7</td><td colspan="3">横系梁及预埋件位置（mm）</td><td>5</td><td>尺量：每件</td><td>1</td></tr>
</table>

注：标注“Δ”的项目为关键项目，即涉及结构安全和使用功能的重要实测项目。

3）外观鉴定

① 混凝土表面平整，色泽一致，无明显施工接缝。不符合要求减 1～3 分。

② 混凝土表面不得出现蜂窝麻面，如出现必须修整，并减 1～4 分。

③ 混凝土表面出现非受力裂缝，减 1～3 分。裂缝宽度超过设计规定或设计未规定时超过 0.15mm 必须处理。

④ 封锚混凝土应密实、平整，不符合要求时减 2～4 分。

4）质量保证资料

施工单位应有完整的施工原始记录、试验数据、分项工程自查数据等质量保证资料，并进行整理分析，负责提交齐全、真实和系统的施工资料和图表。工程监理单位负责提交齐全、真实和系统的监理资料。质量保证资料应包括混凝土用原材料、配合比、抗压强度试验报告、钢筋力学性能试验报告等。

$$分项工程(梁板预制)得分=\frac{\sum[检查项目得分\times权值]}{\sum 检查项目权值}$$

$$=\frac{混凝土强度得分\times3+断面尺寸得分\times2+梁板长度得分\times1+高度得分\times1+\cdots\cdots}{3+2+1+1+\cdots\cdots}$$

分项工程（梁板预制）评分值=分项工程得分—外观缺陷减分—资料不全减分

(2) 安装梁（板）

1) 基本要求

① 梁（板）在安装时，支承结构（墩台、盖梁、垫石）的强度应符合设计要求。

② 梁（板）安装前，墩、台支座垫板必须稳固。

③ 梁（板）就位后，梁两端支座应对位，梁（板）底与支座以及支座底与垫石顶须密贴，否则应重新安装。

④ 两梁（板）之间接缝填充材料的规格和强度应符合设计要求。

2) 梁（板）安装实测项目

梁（板）安装实测项目见表 3-36。

梁（板）安装实测项目　　表 3-36

项次	检查项目		规定值或允许偏差	检查方法和频率	权值
1Δ	支座中心偏位（mm）	梁	5	尺量：每孔抽查 4～6 个支座	3
		板	10		
2	倾斜度		1.2%	吊垂线：每孔检查 3 片梁	2
3	梁（板）顶面纵向高程（mm）		+8，−5	水准仪：抽查每孔 2 片，每片 3 点	2
4	相邻梁（板）顶面高差（mm）		8	尺量：每相邻梁（板）	1

注：标注“Δ”的项目为关键项目，即涉及结构安全和使用功能的重要实测项目。

3) 外观鉴定

梁、板的填缝应平整密实，不符合要求时减 1～3 分。

4) 质量保证资料

质量保证资料应包括各项质量控制指标的试验记录和质量检验汇总图表等。

(3) 桥梁完工后进行桥梁总体检验

1) 基本要求

① 桥梁施工应严格按照设计图纸、施工技术规范和有关技术操作规程要求进行。

② 桥下净空不得小于设计要求。

③ 特大跨径桥梁或结构复杂的桥梁，必要时应进行荷载试验。

2) 实测项目

桥梁总体实测项目见表 3-37。

桥梁总体实测项目　　表 3-37

项次	检查项目		规定值或允许偏差	检查方法和频率	权值
1	桥面中线偏位（mm）		20	全站仪或经纬仪：检查 3～8 处	2
2	桥宽（mm）	车行道	±10	尺量：每孔 3～5 处	2
		人行道	±10		
3	桥长（mm）		+300，−100	全站仪或经纬仪、钢尺检查	1
4	引道中心线与桥梁中心线的衔接（mm）		20	尺量：分别将引道中心线和桥梁中心线延长至两岸桥长端部，比较其平面位置	2
5	桥头高程衔接（mm）		±3	水准仪：在桥头搭板范围内顺延桥面纵坡，每米 1 点测量标高	2

3）外观鉴定

① 桥梁的内外轮廓线条应顺滑清晰，无突变、明显折变或反复现象。不符合要求时减 1～3 分。

② 栏杆、防护栏、灯柱和缘石的线形顺滑流畅，无折弯现象。不符合要求时减 1～3 分。

③ 踏步顺直，与边坡一致。不符合要求时减 1～2 分。

2. 分部工程质量评分

分项工程和分部工程根据一般工程和主要（主体）工程，分别给以 1 和 2 的权值。进行分部工程和单位工程评分时，采用加权平均值计算法确定相应的评分值。

$$\text{桥梁上部构造预制和安装评分值}=\frac{\sum[\text{梁板预制评分值}\times2+\text{梁板安装评分值}\times1+\cdots]}{\sum(2+1+\cdots)}$$

其他分部工程（如基础及下部结构等）的评分值计算方法同上。

3. 单位工程质量评分

已知各分部工程的评分值和规定的权值即可求出单位工程的质量评分值，即

$$\begin{aligned}\text{桥梁质量评分}&=\frac{\sum[\text{分部工程得分}\times\text{权值}]}{\sum\text{分部工程权值}}\\&=\frac{\text{基础及下部结构的评分值}\times1+\text{梁体预制和安装的评分值}\times2}{\sum(1+2+1+\cdots)}\\&\quad+\frac{\text{桥面系的评分值}\times1+\cdots}{\sum(1+2+1+\cdots)}\end{aligned}$$

4. 等级评定

桥梁工程的质量等级分为合格或不合格。

【知识链接】

根据桥梁养护的要求，桥梁成桥后，要进行定期检查，而外观检查是定期检查的重要组成部分。

外观检查的内容主要有：

（1）桥面铺装是否平整，有无裂缝、局部坑槽、波浪、壅包、碎边。桥头有无跳车。

（2）桥面泄水管是否堵塞和破损。

（3）桥面是否清洁，有无杂物堆积，杂草蔓生。

(4) 伸缩缝是否脱落、漏水、跳车、堵塞卡死、严重破坏，连接件是否松动、局部破损。

(5) 人行道、缘石、栏杆、扶手和引道护栏的保养小修情况，有无撞坏、断裂、松动、错位、缺件、剥落、锈蚀。

(6) 桥台的翼墙、侧墙、耳墙是否有开裂、倾斜、滑移、沉陷等降低或丧失挡土能力的状况；锥坡、护坡是否有冲刷、滑坍、沉陷等现象，铺砌面有否塌陷、缺损，是否垃圾堆积、灌木杂草丛生，桥头排水沟和行人台阶是否完好。

(7) 桥跨结构是否有异常变形、振动或摆动，上部结构竖曲线是否平顺，拱轴线变位状况，桥跨有否异常的竖向振动或横向摆动等。

(8) 钢筋混凝土和预应力混凝土桥跨结构主要检查项目：混凝土有无裂缝、渗水、表面风化、剥落、露筋和钢筋锈蚀；预应力钢束锚固区段混凝土有无开裂，沿预应力筋的混凝土表面有无纵向裂缝。

(9) 墩台与基础是否滑动、倾斜或下沉；台背填土有无沉降裂缝或挤压隆起；混凝土墩台及帽梁有无风化、腐蚀、开裂、剥落、露筋等，空心墩的水下通水洞是否堵塞；墩台顶面是否清洁，有无泥土杂物堆积，伸缩缝处是否漏水；基础下是否发生不允许的冲刷或淘空现象。

(10) 桥梁支座主要检查功能是否完好，组件是否完整、清洁，有无断裂错位和脱空现象。如橡胶支座是否老化、变形，螺栓有否剪断，螺母是否松动等。

(11) 桥上交通信号、标志、标线、照明设施是否腐蚀、老化需要更换等。

【工程检测控制实例】

某座3×20m的装配式预应力混凝土简支T梁桥，采用柱式墩、重力式桥台，桥墩采用钻孔灌注桩基础，桥台采用扩大基础，现已施工完毕，对此桥进行总体质量检验评分，结果见表3-38。

表 3-38

某桥梁总体质量检验表

分项工程部位：桥梁总体质量检验	所属建设项目：____	施工单位：____	监理单位：____
基本要求	桥下净空不小于设计要求；特大跨径桥梁或结构复杂的大桥，进行荷载试验		

	项次	检查项目		规定值或允许偏差	检查方法和频率	实测值或实测偏差值										质量评定			
						1	2	3	4	5	6	7	8	9	10	平均值、代表值	合格率（%）	权值	得分
实测项目	1	桥面中线偏位（mm）		20	全站仪或经纬仪：检查3～8处	15	12	8	14	15	16	10	9			—	100	2	100
	2	桥宽（mm）	车行道	±10	尺量：每孔3～5处	+8	−5	−4	+2							—	100	2	100
			人行道	±10		+6	+9	+4	−3										
	3	桥长（mm）		+300，−100	全站仪或经纬仪、钢尺：检查中心线	+150										—	100	1	100
	4	引道中心线与桥梁中心线的衔接（mm）		20	尺量：分别将引道中心线和桥梁中心线延长至两岸桥长端部	8	12									—	100	2	100
	5	桥头高程衔接（mm）		±3	水准仪：每米1点测量标高	+2	−3	+1	−3							—	100	2	100
	合计					平均得分＝∑(检查项目得分×权值)/∑检查项目权值＝100													

外观鉴定	有少许蜂窝麻面	减分	2	监理意见	符合 JTG F80/1—2004 评定标准
质量保证资料	真实、齐全、完整	减分	0		
工程质量等级评定		评分：98			质量等级：合格

检验负责人：____　　检测：____　　记录：____　　复核：____　　检查日期：____年__月__日

项目 4 管道工程质量检验与控制

【项目描述】

管道工程质量检验主要是对管道工程施工质量和成品质量的检验，工程的质量水平需要通过质量检验检测获得的数据来反映。这就要求检验方法和检测手段具有一定的科学性、合理性和准确性，才能比较客观地反映工程的实际质量。本项目主要介绍排水管道工程质量检验与控制。

管道工程质量检验与控制的项目主要包括沟槽开挖与管节预制，管道基础工程，管道安装工程，管道接口施工，检查井、雨污水井施工，沟槽回填工程，排水管道工程。

任务 4.1　沟槽开挖与管节预制

【任务描述】

排水管道工程施工是从土石方工程即沟槽的开挖开始的，沟槽开挖的施工质量直接影响后继各分项工程的施工，在沟槽开挖过程中需对沟槽开挖的质量进行质量检验，还要为后续的管道安装所需预制的管节进行质量检验，现对沟槽开挖和管节预制进行质量检验与控制。

【学习支持】

1. 质量检验与控制依据

《给水排水管道工程施工及验收规范》GB 50268—2008

《给水排水构筑物工程施工及验收规范》GB 50141—2008

《公路工程质量检验评定标准》JTG F80/1—2004

《建筑地基基础设计规范》GB 50007—2011

2. 沟槽开挖与管节预制质量检验与控制的主要内容为：地基承载力、槽底宽度、槽底高程、槽底中线、沟槽边坡、管节预制强度及外观。

3. 基本概念

(1) 坡度板

坡度板是使用具有一定刚度且不易变形的材料制作的控制高程和中心线轴线位置的标志，如图 4-1 所示。

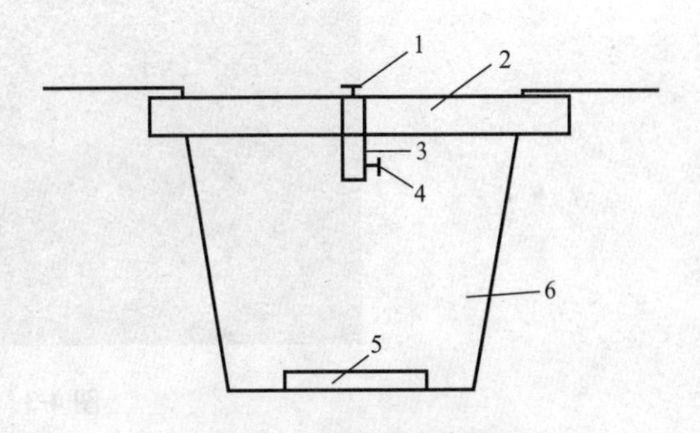

图 4-1　坡度板示意图

1—中心钉；2—坡度板；3—高程板；4—高程钉；5—基础；6—沟槽

(2) 地基承载力

地基承载力是指地基承担荷载的能力。

(3) 露筋和孔洞现象

露筋是指在钢筋混凝土浇筑过程中振捣不到位，保护层垫块没有设置或者固定不牢固，混凝土坍落度小，或拆模过早，混凝土硬化前受外力导致剥落而使构件成形后钢筋外露的现象，如图 4-2 所示。

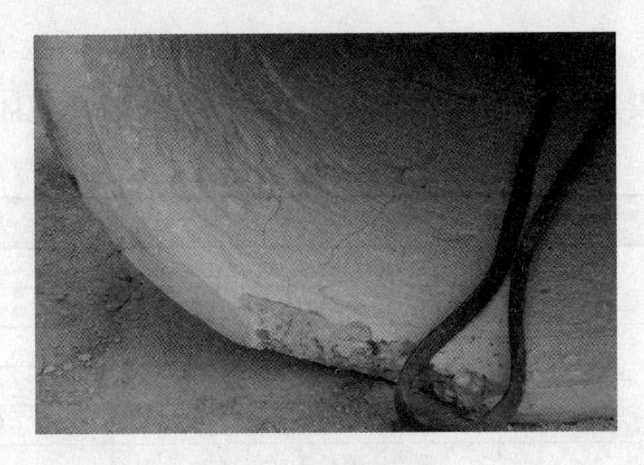

图 4-2　管节露筋现象

混凝土结构的孔洞是指结构构件表面和内部有空腔，局部没有混凝土或者蜂窝缺陷过多的现象。一般工程上常见的孔洞，是指超过钢筋保护层厚度，但不超过构件截面尺寸三分之一的缺陷，如图 4-3 所示。

【任务实施】

沟槽开挖的质量检验是从沟槽开挖（包括地基承载力、槽底宽度、槽底高程、槽底中线、沟槽边坡）、管节预制这两个方面展开的，下面分别进行介绍。

1. 沟槽开挖

沟槽开挖后，要求原状地基土不得扰动、受水浸泡或受冻；进行地基处理时，压实度、厚度满足设计要求。

(1) 地基承载力的质量检验

1) 基本要求

地基承载力应满足设计要求。

图 4-3　孔洞现象

2）地基承载力检测

沟槽开挖后需要检测地基承载力，以便确定是否满足设计要求。地基评价采用钻探取样、室内土工试验、触探并结合其他原位测试方法，以下介绍轻型触探试验对地基承载力的检验方法。

① 仪器设备

轻型触探试验设备主要由探头、触探杆、落锤三部分组成，其规格见表 4-1。

轻型触探试验仪器设备规格表　　表 4-1

设备类型		规格
落锤	质量 m（kg）	10±0.1
	落距 H（m）	0.5
探头	直径（mm）	40
	截面积（cm^2）	12.6
	圆锥角（°）	60
触探杆	直径（mm）	25

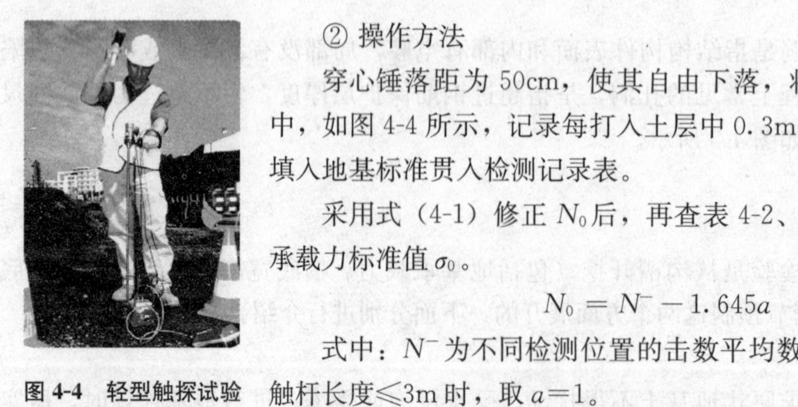

图 4-4　轻型触探试验

② 操作方法

穿心锤落距为 50cm，使其自由下落，将探头垂直打入土层中，如图 4-4 所示，记录每打入土层中 0.3m 时所需的锤击数 N_0，填入地基标准贯入检测记录表。

采用式（4-1）修正 N_0 后，再查表 4-2、表 4-3 便可确定地基承载力标准值 σ_0。

$$N_0 = N^{-} - 1.645a \qquad (4\text{-}1)$$

式中：N^{-} 为不同检测位置的击数平均数；a 为修正系数，当触杆长度≤3m 时，取 $a=1$。

黏土承载力标准值表　　表 4-2

N_0	15	20	25	30
σ_0（kPa）	105	145	190	230

素填土承载力标准值　　　　表 4-3

N_0	15	20	30	40
σ_0（kPa）	85	115	135	160

③ 地基承载力动力触探试验记录见表 4-4。

地基承载力动力触探试验记录表　　　　表 4-4

承包单位：　　　　　　　　　　　　工程名称：
监理单位：　　　　　　　　　　　　施工标段：

工程部位		地基岩土类型		旁站监理	
				试验人员	
仪器设备名称、型号及规格				试验数据	
基底标高（m）		触探类型		试验日期	
锤重（kg）		落距（cm）		贯入速率（击/分）	
测点	试验部位（m）	贯入深度（cm）	击锤数（N）	换算地基允许承载力（kPa）	备注

测点平面布置图：

基地描述：

（2）槽底宽度质量检验

1）基本要求

沟槽底部的开挖宽度，应符合设计要求；设计无要求时，可按式（4-2）计算确定：

$$B = D_0 + 2(b_1 + b_2 + b_3) \tag{4-2}$$

式中　B——沟槽底部开挖宽度（mm）；

D_0——管道外径（mm）；

b_1——管道一侧工作面宽度（mm），可按表 4-5 取值；

b_2——有支撑要求时，管道一侧支撑厚度，可取 150～200mm；

b_3——现场浇筑混凝土或钢筋混凝土一侧模板的厚度（mm）。

管道一侧的工作面宽度见表 4-5。

管道一侧的工作面宽度　　　　表 4-5

管道的外径 D_0（mm）	管道一侧的工作面宽度 b_1（mm）		
	混凝土类管道		金属类管道、化学建材管道
$D_0 \leqslant 500$	刚性接口	400	300
	柔性接口	300	
$500 < D_0 \leqslant 1000$	刚性接口	500	400
	柔性接口	400	

续表

<table>
<tr><th rowspan="2">管道的外径 D_0（mm）</th><th colspan="3">管道一侧的工作面宽度 b_1（mm）</th></tr>
<tr><th colspan="2">混凝土类管道</th><th>金属类管道、化学建材管道</th></tr>
<tr><td rowspan="2">$1000<D_0\leqslant1500$</td><td>刚性接口</td><td>600</td><td rowspan="2">500</td></tr>
<tr><td>柔性接口</td><td>500</td></tr>
<tr><td rowspan="2">$1500<D_0\leqslant3000$</td><td>刚性接口</td><td>800～1000</td><td rowspan="2">700</td></tr>
<tr><td>柔性接口</td><td>600</td></tr>
</table>

注：1. 槽底需设排水沟时，工作面宽度 b_1 应适当增加；
2. 管道有现场施工的外防水层时，每侧工作面宽度宜取 800mm；
3. 采用机械回填管道侧面时，b_1 需满足机械作业的宽度要求；
4. 混凝土类管指钢筋混凝土管、预（自）应力混凝土管和预应力钢筒混凝土管。金属类管指钢管和球墨铸铁管。

2）沟槽槽底宽度质量检验

① 沟槽槽底开挖宽度的允许偏差值见表 4-6。

沟槽槽底宽度的允许偏差 **表 4-6**

<table>
<tr><th rowspan="2">项目</th><th rowspan="2">允许偏差（mm）</th><th colspan="2">检查数量</th><th rowspan="2">检查方法</th></tr>
<tr><th>范围</th><th>点数</th></tr>
<tr><td>槽底中线每侧宽度</td><td>不小于规范规定</td><td>两井之间</td><td>6</td><td>挂中线用钢尺量测，每侧计 3 点</td></tr>
</table>

② 槽底中线每侧宽度的检验方法

槽底中线每侧宽度的检验采用架坡度板量测的方法，该方法简单易行，是排水工程中沟槽中线每侧宽度检验常用的方法。具体操作是：先在检验段两端埋设坡度板，在坡度板上找到管道中点钉上中心钉，拉一根 20 号左右的铅丝，该线即为管道中心线位置，在中线上挂垂球，移动垂球将中线引到槽底，然后用钢尺量取中线到槽边的距离，量取的尺寸不小于设计给定的距离为合格，否则为不合格，如图 4-5 所示。

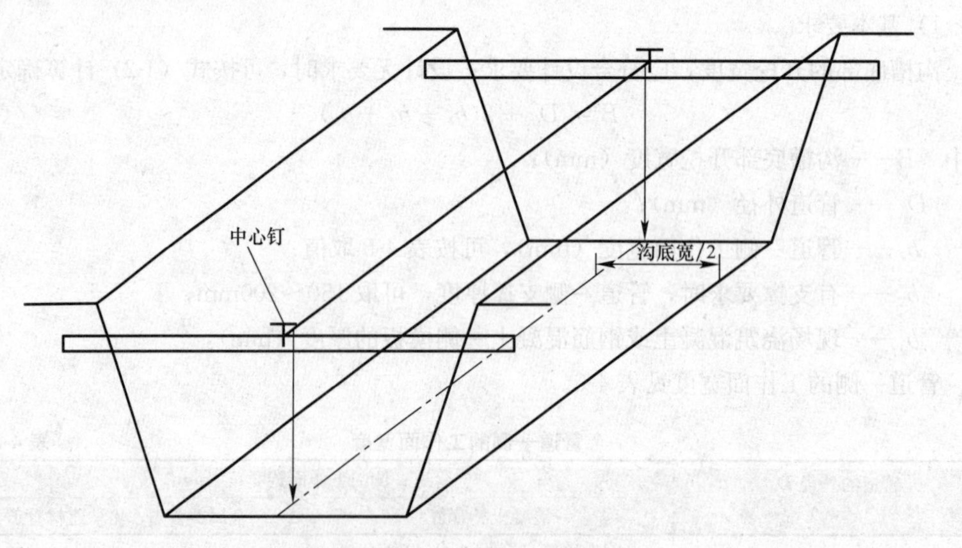

图 4-5 槽底中线每侧宽度的检验

3）外观鉴定

钢尺量测偏差距离在允许偏差范围之内。

(3) 槽底高程的质量检验

1) 基本要求

① 槽底高程的检测可以用水准仪法也可以采用坡度板法。

采用坡度板控制槽底高程时，应符合下列规定：

a) 坡度板选用有一定刚度且不易变形的材料制作，其设置应牢固。

b) 对于平面上呈直线的管道，坡度板设置的间距不宜大于15m；对于曲线管道，坡度板间距应加密；井室位置、折点和变坡处，应增设坡度板。坡度板距槽底的高度不宜大于3m。

② 沟槽挖深较大时，应确定分层开挖的深度，并符合下列规定：

a) 人工开挖沟槽的槽深超过3m时应分层开挖，每层的深度不超过2m。

b) 人工开挖多层沟槽的层间留台宽度：放坡开槽时不应小于0.8m，直槽时不应小于0.5m，安装井点设备时不应小于1.5m。

c) 采用机械挖槽时，沟槽分层的深度由机械性能确定。

2) 沟槽槽底高程的质量检验

① 槽底高程质量检验的允许偏差值见表4-7。

沟槽槽底高程的允许偏差　　表4-7

项目		允许偏差（mm）	检查数量		检查方法
			范围	点数	
槽底高程	土方	±20	两井之间	3	用水准仪测量
	石方	＋20，－200			

② 槽底高程的检验方法

支设水准仪，复测高程时，注意前后视距相等。槽底高程测量记录见表4-8。

槽底高程测量记录表　　表4-8

工程名称					施工单位		
井号	距离（m）	管径（mm）	坡度（‰）	设计高程（m）	实测高程（m）	偏差（mm）	备注

施工技术负责人：　　审核：　　测量：　　记录：　　年　月　日

3) 外观鉴定

高程测量偏差值在允许偏差范围之内。

(4) 沟槽边坡坡度的检验

1) 基本要求

① 当地质条件良好、土质均匀，地下水位低于沟槽底面高程，且开挖深度在5m以内，沟槽不加支撑时，在设计无规定情况下，沟槽边坡最陡坡度应符合表4-9的规定。

深度在5m以内的沟槽边坡的最陡坡度　　表4-9

土的类别	边坡坡度（高：宽）		
	坡顶无荷载	坡顶有静载	坡顶有动载
中密的砂土	1∶1.00	1∶1.25	1∶1.50
中密的碎石类土（充填物为砂土）	1∶0.75	1∶1.00	1∶1.25
硬塑的粉土	1∶0.67	1∶0.75	1∶1.00
中密的碎石类土（充填物为黏性土）	1∶0.50	1∶0.67	1∶0.75
硬塑的粉质黏土、黏土	1∶0.33	1∶0.50	1∶0.67
老黄土	1∶0.10	1∶0.25	1∶0.33
软土（经井点降水后）	1∶1.25	—	—

② 槽壁平顺，边坡坡度符合施工方案的规定。

③ 沟槽边坡稳固后应设置供施工人员上下沟槽的安全梯。

2）沟槽边坡坡度的质量检验

① 沟槽边坡坡度的允许偏差值见表4-10。

沟槽边坡坡度的允许偏差　　表4-10

项目	允许偏差（mm）	检查数量		检查方法
		范围	点数	
沟槽边坡	不小于规范规定	两井之间	6	用坡度尺量测，每侧计3点

② 沟槽边坡坡度质量检验的方法

沟槽边坡坡度的检验是用坡度尺辅以垂球来进行的，坡度尺制作简单，使用方便，检验结果能满足检验精度的要求。但因边坡坡度的不同，因此要随边坡坡度的不同制作相应的坡度尺。

检验时将坡度尺贴在边坡上，坡度尺上的垂球尖部向边坡方向移动，说明边坡坡度不陡于设计规定，为合格；当垂球尖部背离边坡方向，说明边坡坡度陡于设计坡度，为不合格，边坡需要修整，如图4-6所示。

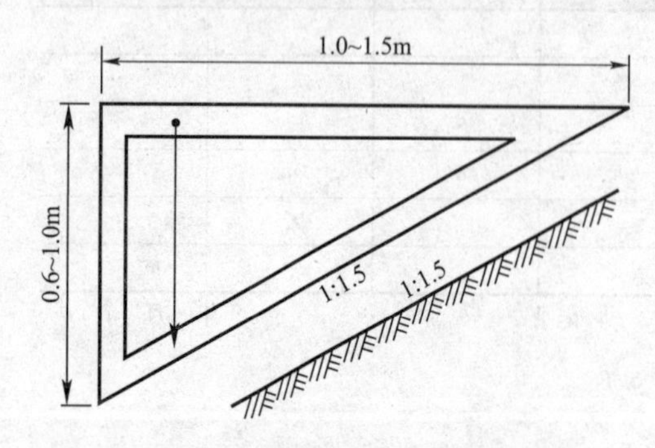

图4-6　边坡坡度尺检验示意图

工程检验中采用的坡度尺为一直角三角形，两直角边的比例就是挖槽边坡的坡度。

2. 管节预制的质量检验

1）基本要求

① 所用的水泥、砂、石、水、外加剂和掺合料的质量规格应符合有关规范的要求，按规定的配合比施工。

② 混凝土应符合耐久性（抗冻、抗渗、抗侵蚀）等设计要求。

③ 不得出现露筋和孔洞现象。

2）实测项目

管节预制实测项目见表4-11。

管节预制实测项目　　表 4-11

项次	检查项目	规定值或允许偏差	检验方法和频率
1	混凝土强度（MPa）	在合格标准内	
2	内径（mm）	不小于设计	尺量：2 个断面
3	壁厚（mm）	不小于设计壁厚-3	尺量：2 个断面
4	顺直度	矢度不大于 0.2%管节长	沿管节拉线量，取最大矢高
5	长度（mm）	+5，0	尺量

3）外观鉴定

① 蜂窝、麻面面积不得超过该面面积的 1%，深度超过 10mm 的必须处理。

② 混凝土表面平整。

【提示】

完成上述内容的检查一般从三个方面进行，包括外观的检验、施工过程的跟踪观察和偏差的测定。

【知识链接】

蜂窝麻面面积的检验

蜂窝麻面是混凝土施工中的常见病害，蜂窝麻面的出现在一定程度上标志着混凝土施工的工艺水平。

蜂窝麻面现象主要出现在模板侧面，一般是因为振捣不实造成的。

模板拆除后，质检人员检验时根据外观确定蜂窝麻面范围，然后将每一部位的蜂窝麻面用直尺和粉笔标出比较规则的几何图形，如正方形、矩形、梯形、三角形、圆形等。根据圈定的几何图形用相应的计算公式算出相应面积，然后将算出的面积累加即得蜂窝麻面的总面积，用这一面积与总面积相比，不超过 1%为合格。

【工程检验控制实例】

现对某污水管线工程中的分项工程土石方工程（沟槽开挖）进行质量检验与控制。该分项工程（检验批）质量验收记录见表 4-12，分项工程质量验收记录见表 4-13。

分项工程（检验批）质量验收记录　　表 4-12

工程名称		某污水管线工程	分部工程名称	土石方工程	分项工程名称	沟槽开挖
施工单位		某施工单位	专业工长	—	项目经理	—
验收批名称、部位			1 号～2 号井（一个井段）			
主控项目	质量验收规范规定的检查项目及验收标准		施工单位检查评定记录			监理（建设）单位验收记录
	1	原状地基土不得扰动、受水浸泡或受冻	符合质量验收规范要求			符合质量验收规范及设计要求
	2	地基承载力	达到设计要求			
	3	进行地基处理时，压实度、厚度满足设计要求	达到设计要求			

续表

一般项目	沟槽开挖允许偏差										
	1	槽底高程±20	5	0	−7	8	16	−4			100%
	2	槽底中线每侧宽（300mm）	350	300	310	317	317	314			100%
	3	沟槽边坡设计值45°	46°	48°	47°	49°	50°	48°			100%
施工单位检查评定结果	该验收批符合《给水排水管道工程施工及验收规范》GB 50268—2008规定和设计图纸要求，评定为合格。 项目专业质量检查员：____（手签） ____年__月__日										
监理（建设）单位验收结论	该验收批符合《给水排水管道工程施工及验收规范》GB 50268—2008规定和设计图纸要求，验收合格，同意进行下道工序。 监理工程师（建设单位项目专业技术负责人）：____（手签） ____年__月__日										

分项工程质量验收记录　　**表 4-13**

工程名称	某污水管线工程	分项工程名称	沟槽开挖	验收批数	—
施工单位	某施工单位	项目经理	—	项目技术负责人	—
分包单位	—	分包单位负责人	—	施工班组长	—

序号	验收批名称、部位	施工单位检查评定结果	监理（建设）单位验收结论
1	1号～2号井	合格	符合施工质量检验标准规定和设计图纸要求
2	2号～3号井	合格	符合施工质量检验标准规定和设计图纸要求
3	3号～4号井	合格	符合施工质量检验标准规定和设计图纸要求
4	4号～5号井	合格	符合施工质量检验标准规定和设计图纸要求
5	5号～6号井	合格	符合施工质量检验标准规定和设计图纸要求
6	6号～7号井	合格	符合施工质量检验标准规定和设计图纸要求
7	7号～8号井	合格	符合施工质量检验标准规定和设计图纸要求
8	8号～9号井	合格	符合施工质量检验标准规定和设计图纸要求
9	9号～10号井	合格	符合施工质量检验标准规定和设计图纸要求
10	10号～11号井	合格	符合施工质量检验标准规定和设计图纸要求
11	11号～12号井	合格	符合施工质量检验标准规定和设计图纸要求
12	12号～13号井	合格	符合施工质量检验标准规定和设计图纸要求

检查结论	验收结论
经检查，该分项工程符合《给水排水管道工程施工及验收规范》GB 50268—2008规定和设计图纸要求，检查结论为合格。 施工项目专业技术负责人： ____（手签） ____年__月__日	经检查，该分项工程符合《给水排水管道工程施工及验收规范》GB 50268—2008规定和设计图纸要求，验收合格。 监理工程师（建设项目专业技术负责人） ____（手签） ____年__月__日

任务4.2　管道基础工程

【任务描述】

沟槽开挖施工完毕，并通过质量检验后，根据地基土质的情况做管道基础，在施工过程中需对基础的施工质量进行质量检测与控制。

【学习支持】

1. 质量检验与控制依据：《给水排水管道工程施工及验收规范》GB 50268—2008
《公路工程水泥及水泥混凝土试验规程》JTG E30—2005
《混凝土试模》JG 237—2008

2. 基本概念

根据地基土的性质不同常采用的有原状土地基、砂石基础、混凝土基础等。

(1) 原状土地基

原状土地基又称不扰动地基，是经过开挖后自然状态下即可满足承担基础全部荷载的要求，不需要人工处理的地基，如图4-7所示。

图4-7　原状土地基示意图

(2) 砂石基础

是指经过开挖后原天然基础不能满足承担基础全部荷载要求，需采用天然级配砂石或人工级配砂石铺设的管道基础，如图4-8所示。

(3) 混凝土基础

混凝土基础是指地基由现浇混凝土浇筑而成的基础形式，如图4-9所示。

【任务实施】

1. 原状土地基的质量检验

(1) 基本要求

1) 原状地基的承载力应符合设计要求。

图 4-8　砂石基础示意图

图 4-9　混凝土基础示意图

2）原状地基应与管道外壁接触均匀、无空隙。

3）原状土地基局部超挖或排水不良造成地基土扰动时：超挖深度不超过 150mm 时，可用挖槽原土回填夯实，其压实度不应低于原地基土的密实度；扰动深度在 100mm 以内，宜采用天然级配砂石或砂砾处理；扰动深度在 300mm 以内，但下部坚硬时，宜填卵石或块石，再用砾石填充空隙并找平表面。

4）原状地基基础必须在管底原状土上人工挖成弧形槽，槽的弧度要与管底的弧面完全吻合，槽底高程符合设计规定。

5）岩石地基或坚硬土层局部超挖时，应将基底碎渣全部清理，回填低强度等级混凝土或粒径 10～15mm 的砂石回填夯实。

6）原状地基为岩石或坚硬土层时，管道下方应铺设砂垫层，其厚度应符合表 4-14。

砂垫层厚度　表 4-14

管道种类	垫层厚度（mm）		
	D_0≤500	500<D_0≤1000	D_0>1000
柔性管道	≥100	≥150	≥200
柔性接口的刚性管道	150～200		

注：D_0 为管外径。

（2）实测项目

原状土地基的实测项目见表 4-15。

原状土地基的实测项目　表 4-15

项目			允许偏差（mm）	检查数量		检验方法
				范围	点数	
土（砂及砂砾）基础	高程	压力管道	±30	每个检验批	每 10m 测 1 点，且不少于 3 点	水准仪测量
		无压管道	0，−15			
	平基厚度		不小于设计要求			钢尺量测
	土弧基础腋角高度		不小于设计要求			钢尺量测

(3) 外观鉴定

原状地基在管底原状土上挖成的弧形槽与管道外壁接触均匀、无空隙。

2. 砂石基础的质量检验

(1) 基本要求

1) 砂石基础的压实度符合设计要求或规范规定。

2) 砂石基础应与管道外壁接触均匀、无空隙。

3) 铺设前应先对槽底进行检查，槽底高程及槽宽须符合设计要求，且不应有积水和软泥。

4) 柔性管道的基础结构设计无要求时，宜铺设厚度不小于 100mm 的中粗砂垫层；软土地基宜铺垫一层厚度不小于 150mm 的砂砾或 5～40mm 粒径碎石，其表面再铺厚度不小于 50mm 的中、粗砂垫层。

5) 柔性接口的刚性管道的基础结构，设计无要求时一般土质地段可铺设砂垫层，也可铺设 25mm 以下粒径碎石，表面再铺 20mm 厚的砂垫层（中、粗砂），垫层总厚度应符合表 4-16 要求。

柔性接口的刚性管道砂石垫层总厚度　　表 4-16

管径（D_0）	垫层总厚度（mm）
300～800	150
900～1200	200
1350～1500	250

6) 管道有效支承角范围必须用中、粗砂填充插捣密实，与管底紧密接触，不得用其他材料填充。

(2) 实测项目

砂石基础的实测项目见表 4-17。

砂石基础的实测项目　　表 4-17

<table>
<tr><th colspan="3" rowspan="2">项目</th><th rowspan="2">允许偏差（mm）</th><th colspan="2">检查数量</th><th rowspan="2">检验方法范围</th></tr>
<tr><th>范围</th><th>点数</th></tr>
<tr><td rowspan="4">垫层</td><td colspan="2">中线每侧宽度</td><td>不小于设计要求</td><td rowspan="4">每个检验批</td><td rowspan="4">每 10m 测 1 点，且不少于 3 点</td><td>挂中心线钢尺检查，每侧一点</td></tr>
<tr><td rowspan="2">高程</td><td>压力管道</td><td>±30</td><td rowspan="2">水准仪测量</td></tr>
<tr><td>无压管道</td><td>0，－15</td></tr>
<tr><td colspan="2">厚度</td><td>不小于设计要求</td><td>钢尺量测</td></tr>
</table>

(3) 外观鉴定

砂石基础应与管道外壁接触均匀、无空隙。

3. 混凝土地基的质量检验

(1) 基本要求

1) 混凝土基础的强度符合设计规定。

2) 混凝土基础应外光内实，无严重缺陷；混凝土基础的钢筋数量、位置正确。

3) 基础施工前必须复核高程样板的标高。平基与管座的模板可一次或两次支设，每次支设高度宜略高于混凝土的浇筑高度，如图 4-10 所示。

图 4-10　混凝土基础模板支设示意图

4）平基、管座的混凝土设计无要求时，宜采用强度等级不低于 C15 的低坍落度混凝土。

5）管座和平基分层浇筑时，应先将平基凿毛冲洗干净，并将平基与管体相接触的腋角部位，用同强度等级的水泥砂浆填满、捣实后再浇筑混凝土，使管底与管座混凝土结合严密。

6）混凝土浇筑中应防止离析；浇筑后应进行养护，强度低于 1.2MPa 时不得承受荷载。浇筑混凝土应连续进行，其间歇不应超过 2 小时。

7）混凝土自由倾落高度不宜超过 2m；大于 2m 时，应采取溜槽或串筒等措施，如图 4-11 所示。

图 4-11　浇筑基础混凝土溜槽示意图

8）管道基础应按设计要求留变形缝，变形缝的位置应与柔性接口相一致。

9）管道平基与井室基础宜同时浇筑；跌落水井上游接近井基础的一段应砌砖加固，并将平基混凝土浇筑至井基础边缘。

（2）实测项目

1）混凝土管道基础的允许偏差，应符合表 4-18 的规定。

混凝土管道基础的允许偏差　　表 4-18

序号	项目			允许偏差（mm）	检查数量		检验方法
					范围	点数	
1	混凝土抗压强度 Δ			必须符合规范规定			混凝土抗压强度试验
2	混凝土基础、管座	平基	中线每侧宽度	+10，0	每个检验批	每 10m 测 1 点，且不少于 3 点	挂中心线钢尺检查，每侧一点
			高程	0，−15			水准仪测量
			厚度	不小于设计要求			钢尺量测
		管座	肩宽	+10，−5			钢尺量测，挂高程线钢尺检查，每侧一点
			肩高	±20			

注：标注“Δ”的项目为关键项目，即涉及结构安全和使用功能的重要实测项目。

2）平基中线每侧宽度检验方法

中线每侧宽度的检验方法与沟槽中线每侧宽度的检验方法相同，简单易行，是排水工程中沟槽中线每侧宽度检验的常用方法。具体操作是：先在检验段两端埋设坡度板，在坡度板上找到管道中点钉上中心钉，拉一根 20 号左右的铅丝，该线即为管道中心线位置，在中线上挂垂球，移动垂线垂球将中线引到基础，然后用钢尺量取中线到基础边的距离，量取的尺寸不小于规范给定的距离为合格，否则为不合格，如图 4-12 所示。

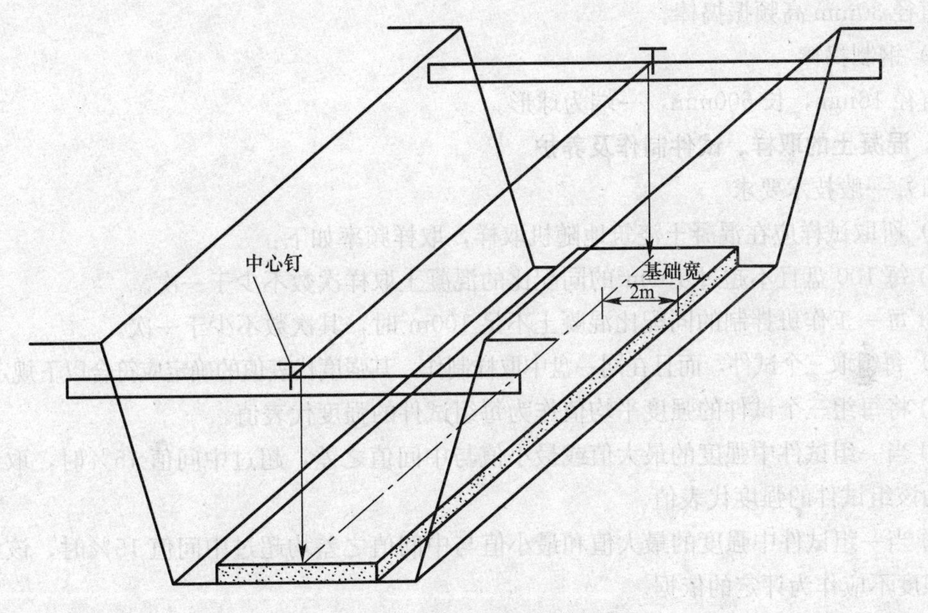

图 4-12　平基中线每侧宽度检验

3）高程的检验方法

在沟槽中架设水准仪，调平，在地面已知水准点上立尺读后视计算仪器高，然后立标尺在被测点上读前视，用仪器高减去前视读数得被测点高程，用这一高程与规范要求的高程比较，误差在允许偏差范围内为合格。

(3) 外观鉴定

管道基础混凝土表面平整密实，侧面蜂窝不得超过该表面积的 1%，深度不超过 10mm。

【提示】

管道基础的检验应从外观鉴定和施工记录两方面进行。

【知识链接】

混凝土抗压强度的检验

1. 试验设备

(1) 试模：由铸铁和钢制成，应具有足够刚度并便于拆卸。试模组装后内部尺寸误差不应大于公称尺寸的±0.2%且不应大于±1mm，组装后相邻侧面和各侧面与底板上表面的夹角应为直角，直角误差不大于±0.3°。

（2）振捣设备

1）振动台

效果最好，但体积大造价高，多用于试验室，振动台的振动频率应为 50±3Hz，空载时振幅应为 0.5mm。

2）振捣棒

直径 30mm 高频振捣棒。

3）钢制捣棒

直径 16mm，长 600mm，一端为球形。

2. 混凝土的取样、试件制作及养护

（1）一般技术要求

1）所取试样应在混凝土浇筑地随机取样，取样频率如下：

① 每 100 盘且不超过 $100m^2$ 的同配比的混凝土取样次数不少于一次。

② 每一工作班拌制的同配比混凝土不足 $100m^2$ 时，其次数不少于一次。

2）每组取三个试件，而且在同一盘中取样制作，其强度代表值的确定应符合以下规定：

① 将每组三个试件的强度平均值作为每组试件的强度代表值。

② 当一组试件中强度的最大值或最小值与中间值之差，超过中间值 15%时，取中间值作为该组试件的强度代表值。

③ 当一组试件中强度的最大值和最小值与中间值之差均超过中间值 15%时，该组试件的强度不应作为评定的依据。

3）试件的标准尺寸

试件的标准尺寸为 150mm×150mm×150mm。

当采用非标准尺寸时，应将抗压强度折算为标准试件抗压强度，折算方法为：对 100mm×100mm×100mm 立方体试件要乘以修正系数 0.95；对 200mm×200mm×200mm 立方体试件要乘以修正系数 1.05。

（2）养护条件

混凝土标准养护室、温度 20±2℃、相对湿度 95%以上。

3. 试验步骤

（1）在制作试件前，先检查试模，拧紧螺栓并清洗干净，在其内壁涂上一薄层矿物油脂或脱模剂。

（2）在混凝土浇筑地随机取样装模。

（3）振捣成形

① 采用振动台成形

应将混凝土拌合物一次装入试模，装料时应将抹刀沿试模内壁略加插捣并应使混凝土拌合物稍有富余。振动时应防止试模在振动台上自由跳动。振捣应持续到表面呈现水泥浆为止，刮除多余的混凝土并用抹刀抹平。

② 采用插入式振捣棒成形

应将混凝土拌合物一次装入试模并应使混凝土拌合物稍有富余。振动时应在试模中心插入，振捣棒距底板 1～2cm，振动持续到表面呈水泥浆为止，一般振捣时间为 20s，振捣棒停止振捣前应随振随提并应缓慢进行。试件表面凹坑应及时用混凝土填补抹平。施工现场多采用这种振捣成形方式。

③ 采用人工插捣成形

应将混凝土拌合物分两次装入试模，每层填料厚度应大致相等。插捣时用捣棒按螺旋方向从边缘向中心均匀进行，插捣底层时，捣棒应达到模底；插捣上层时，捣棒应穿入下层深度约 2～3cm。插捣时，捣棒应保持垂直不得倾斜，振完一层后用橡皮锤轻轻击打试模外端面 10～15 下。每层的插捣次数应视试件的截面而定，一般每 $100cm^2$ 面积应不少于 12 次，然后刮除多余的混凝土，并用抹刀进行初次抹平。

(4) 试件成形后，在混凝土初凝前 1～2h 需进行抹平，要求沿模口抹平。成形后的带模试件宜用湿布或塑料布覆盖，并在 20±5℃相对湿度不大于 50%的室内静置 1 天（但不超过 2 天），然后编号拆模。

(5) 拆模后的试件应立即送到养护室养护，试件之间应保持一定的距离（10～20mm），并避免用水直接冲淋试件。

在无标准养护室时，混凝土试件允许在温度为 20±2℃的不流动 $Ca(OH)_2$ 饱和溶液中养护。

同条件养护的试件成形后应覆盖表面，试件拆模时间可与构件的实际拆模时间相同，拆模后，试件仍需保持同条件养护。

4. 混凝土强度的压力试验及检验评定

(1) 压力试验

将养护合格的试件放到压力机上进行抗压试验，用测力表上读取的破坏荷载值除以试块的横截面积得到破坏应力。

(2) 混凝土强度的检验评定

在管道平基和管座的检验评定中，由于混凝土使用量很小，故采用非数量统计法评定。

按照非统计法评定混凝土强度时，其强度同时满足下列要求：

$$mf_{cn} \geqslant 1.15 f_{cnk} \tag{4-3}$$

$$f_{cn.min} \geqslant 0.95 f_{cnk} \tag{4-4}$$

式中 mf_{cn}——同一检验批混凝土立方体抗压强度平均值（N/mm^2）；

$f_{cn.min}$——同一检验批混凝土立方体抗压强度最小值（N/mm^2）；

f_{cnk}——混凝土立方体抗压强度标准值（N/mm^2）。

【工程检验控制实例】

现对某污水管线工程中的分项工程管道混凝土基础进行质量检验，该分项工程检验批质量验收记录见表 4-19。

分项工程（验收批）质量验收记录　　表 4-19

工程名称	某污水管线工程	分部工程名称	开槽施工主体结构	分项工程名称	混凝土基础抗压强度
施工单位	某施工单位	专业工长	—	项目经理	—

续表

验收批名称、部位			1号～2号井（一个井段）										
分包单位		—	分包项目经理			—			施工班组长				
主控项目	质量验收规范规定的检查项目及验收标准		施工单位检查评定记录										监理（建设）单位验收记录
	1	混凝土基础的强度符合设计要求	达到设计要求										符合质量验收规范及设计要求
一般项目	1	平基中线每侧宽度	10	7	5								100%
	2	平基高程	−9	−8	−5								100%
	3	平基厚度	5	7	10								100%
	4	管座肩宽	6	4	−2								100%
	5	管座肩高	9	12	15								100%
施工单位检查评定结果	该验收批符合《给水排水管道工程施工及验收规范》GB 50268—2008规定和设计图纸要求，评定为合格。 项目专业质量检查员：____（手签） ____年__月__日												
监理（建设）单位验收结论	该验收批符合《给水排水管道工程施工及验收规范》GB 50268—2008规定和设计图纸要求，验收合格，同意进行下道工序。 监理工程师（建设单位项目专业技术负责人）：____（手签） ____年__月__日												

任务4.3 管道安装工程

【任务描述】

管道的安装是将管道按照中线位置和高程位置稳固在地基或基础上，在管道安装完成后应对管道按照设计的中线位置和高程位置进行检验。在排水管道工程中采用的管材有：钢筋混凝土管及预（自）应力混凝土管、预应力钢筒混凝土管和化学建材管等，现对常用的钢筋混凝土管及预（自）应力混凝土管的安装质量进行检验及控制。

【学习支持】

1. 质量检验与控制依据：《给水排水管道工程施工及验收规范》GB 50268—2008

2. 管道安装质量检验主要包括管道管材质量、刚性管道和柔性管道的安装。

3. 基本概念

(1) 压力管道

指工作压力大于或等于0.1MPa的排水管道。

(2) 无压管道

工作压力小于0.1MPa的排水管道。

(3) 刚性管道

主要依靠管体材料强度支撑外力的管道，在外荷载作用下其变形很小，管道是否失效由管壁强度的控制。钢筋混凝土管、预（自）应力混凝土管和预应力钢筒混凝土管均为刚性管道。

(4) 柔性管道

在外荷载作用下变形显著的管道，竖向荷载大部分由管道两侧土体所产生的弹性抗力所平衡，管道失效通常是由变形造成而不是管壁的破坏。钢管、化学建材管、柔性接口的球墨铸铁管均为柔性管道。

(5) 预（自）应力混凝土管

自应力混凝土管是混凝土本身在形成时会产生预应力，无钢筋参与提供应力。

预应力混凝土管是在整个构件形成前，先给预埋钢筋施加应力（即先张法）；或是在混凝土成形后用钢筋施压应力（即后张法）。

(6) 倒坡

倒坡顾名思义就是管道敷设后坡度变小，或无坡度，或产生负坡度，造成水流无压力时静止或倒流现象。

(7) 渗水

管道外壁周围潮湿，且用手擦拭明显有表层水。

(8) 漏水

管道外壁有明显水滴形成并连续滴水。

(9) 空鼓

空鼓是由于原砌体和粉灰层中存在空气引起的，检测的时候，用空鼓锤或硬物轻敲抹灰层及找平层发出咚咚声为空鼓。

【任务实施】

1. 管道管材的质量检验

(1) 基本要求

1）刚性管道无结构贯通裂缝和明显缺损情况。

2）柔性管道的管壁不得出现纵向隆起、环向扁平和其他变形。

3）管道内外防腐层完整，无破损现象。

4）管材规格、性能符合规范规定。钢管管道开孔应符合规范要求。

(2) 检验内容

1）管材安装前必须逐节检查，不得有裂缝、破损、保护层脱落、空鼓、接口掉角等缺陷，如有应修补并经鉴定合格后方可使用。

2）管节、管件装卸时应轻装轻放，运输时应垫稳、绑牢，不得互相撞击，接口和钢管的内外防腐层应采取保护措施。

3）管节堆放宜选择平整、坚实的场地，堆放时必须垫稳，防止滚动，堆放的层高可按照产品技术标准或生产厂家的要求执行，如图4-13所示。

如无其他规定时应符合表4-20的规定，使用管节时必须自上而下依次搬运。

图 4-13　管材堆放示意图

管节堆放层数及层高　　表 4-20

管材种类	管径 D_0（mm）							
	100～150	200～250	300～400	400～500	500～600	600～700	800～1200	≥1400
自应力混凝土管	7层	5层	4层	3层				
预应力混凝土管					4层	3层	2层	1层
钢管、球墨铸铁管	层高≤3m							
预应力钢筒混凝土管						3层	2层	1层或立放
硬聚氯乙烯管、聚乙烯管	8层	5层	4层	4层	3层	3层		

4）化学建材管节、管件贮存、运输过程中应采取防止变形措施，并符合规范规定。

5）橡胶圈贮存、运输应符合规范规定。

(3) 外观鉴定

管材必须逐节检查，不得有裂缝、破损。管节规格、性能、外观质量和尺寸公差应符合国家有关规范的规定。

2. 管道安装的质量检测

(1) 基本要求

1）管道埋设深度、轴线位置应符合设计要求，无压力管道严禁倒坡。

2）管道铺设安装必须稳固，管道安装后应线形平直。管道内应光洁平整，无杂物、油污。

3）管道无明显渗水和水珠现象，管道与井室洞口之间无渗漏水，阀门安装应牢固、严密，启闭灵活，与管道轴线垂直。

4）管节安装前应将管内外清扫干净，管道内不得有泥土砖石、砂浆、木块等杂物，安装时应使管道中心及内底高程符合设计要求，管道必须垫稳，稳管时必须采取措施防止管道发生滚动。

5）承插口管道排管应从下游排向上游，承口面向上游，如图 4-14 所示，安装时不得损伤管节。

6）预（自）应力混凝土管不得截断使用。预（自）应力混凝土管采用金属管件时，管件应进行防腐处理。

7）在管道铺设前必须对管道基础作严格的质量验收，复验轴线位置和高程合格后，

图 4-14　管道排列示意图

按规范规定及时浇筑管座混凝土。

（2）实测项目

1）管道铺设允许偏差应符合表 4-21 的规定。

管道铺设允许偏差　　表 4-21

<table>
<tr><th colspan="3" rowspan="2">检查项目</th><th colspan="2" rowspan="2">允许偏差</th><th colspan="2">检查数量</th><th rowspan="2">检查方法</th></tr>
<tr><th>范围</th><th>点数</th></tr>
<tr><td rowspan="2">1</td><td colspan="2" rowspan="2">水平轴线</td><td>无压管道</td><td>15</td><td rowspan="6">每节管</td><td rowspan="6">1 点</td><td rowspan="2">经纬仪测量或挂中线用钢尺量取</td></tr>
<tr><td>压力管道</td><td>30</td></tr>
<tr><td rowspan="4">2</td><td rowspan="4">管底高程</td><td rowspan="2">$D_i \leqslant 1000$</td><td>无压管道</td><td>±10</td><td rowspan="4">水准仪测量</td></tr>
<tr><td>压力管道</td><td>±30</td></tr>
<tr><td rowspan="2">$D_i > 1000$</td><td>无压管道</td><td>±15</td></tr>
<tr><td>压力管道</td><td>±30</td></tr>
</table>

2）管道安装中线位移的检验方法

管道安装中线位移的检测采用中心线法，该方法精度高，在检验中常用。

在沟槽上口每隔一定距离（一般不大于 20m）埋设坡度板，在坡度板上找到管道中心位置钉上中心钉，拉一根 20 号左右的铅丝，即为管道中心线位置。在中线上挂垂球，在管道中放一带有中心刻度的水平尺，当垂球尖或垂线对准水平尺的中心刻度时，则表明管道已经对中，若垂线在中心刻度的左边时表明管道向右偏离；若垂线在中心刻度的右边时表明管道向左偏离；量取垂线到中心刻度的距离，在允许偏差范围之内为合格，如图 4-15 所示。

3）管内底高程的检验方法

管内底高程通常是先测量管外顶的高程然后反算管内底高程。管外顶高程的测量方法一般采用水准仪检测。

管内底高程＝管外顶高程－管壁厚－管内径

当管径很大时，检测人员可以进到管内进行测量，直接得出结果。

（3）外观鉴定

管节铺设应顺直，管口缝带圈平整密实，无开裂脱皮现象。

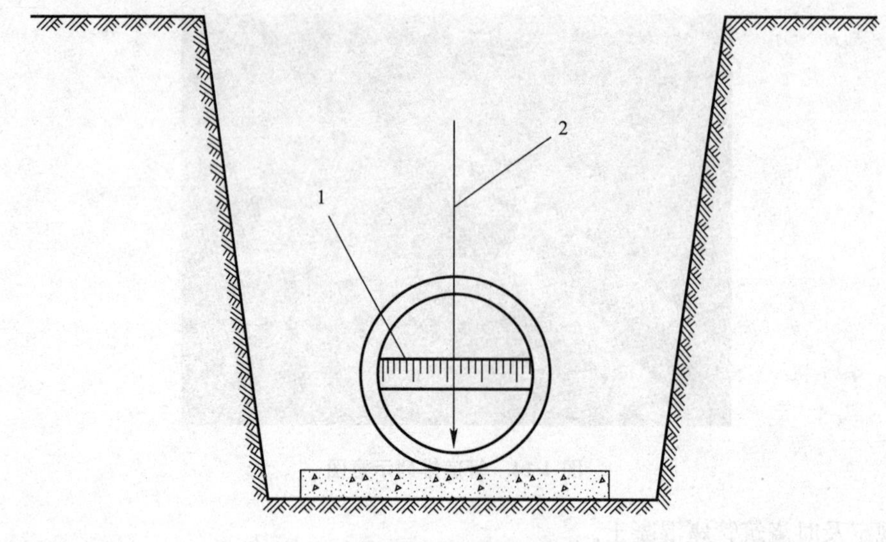

图 4-15 中线对中法

1—水平尺；2—中心垂线

【提示】

管内底高程通常使用水准仪进行检测，也可以使用坡度板的方法进行检测。

【知识链接】

坡度板法测管内底高程的方法

稳管前，相邻两检查井之间每隔 10m 埋设一个坡度板，稳管时，用一木制丁字形高程尺，将所选下反常数标于尺上，将高程尺垂直放在管内底中心位置，调整管高程，当高程尺上的刻度与坡度线重合时，表明管内底高程正确。

【工程检验控制实例】

现对某污水管线工程的分项工程管道安装进行质量检验，该分项工程的检验批质量检验记录见表 4-22。

分项工程（验收批）质量验收记录　　表 4-22

工程名称	某污水管线工程	分部工程名称	开槽施工主体结构	分项工程名称	非金属管道铺设
施工单位	某施工单位	专业工长	—	项目经理	—
验收批名称、部位		1号～2号井（一个井段）			
分包单位	—	分包项目经理	—	施工班组长	—
主控项目	质量验收规范规定的检查项目及验收标准	施工单位检查评定记录			监理（建设）单位验收记录
主控项目 1	管材不得有裂缝、管口不得有残缺	符合质量验收规范规定			符合质量验收规范规定
主控项目 2	管道坡度必须符合设计要求，严禁无坡或倒坡	符合质量验收规范规定			

续表

<table>
<tr><td rowspan="4">一般项目</td><td>1</td><td>管体应垫稳，管口间隙应均匀，管道内不得有泥土、砖石、砂浆、木块等杂物</td><td colspan="10">符合质量验收规范规定</td><td>符合质量验收规范规定</td></tr>
<tr><td>2</td><td>中线位移</td><td>5</td><td>0</td><td></td><td></td><td></td><td></td><td></td><td></td><td></td><td></td><td>100%</td></tr>
<tr><td>3</td><td>管内底高程</td><td>4</td><td>0</td><td></td><td></td><td></td><td></td><td></td><td></td><td></td><td></td><td>100%</td></tr>
<tr><td>4</td><td>相邻管内底错口</td><td>0</td><td>0</td><td>2</td><td></td><td></td><td></td><td></td><td></td><td></td><td></td><td>100%</td></tr>
<tr><td colspan="2">施工单位检查评定结果</td><td colspan="12">该验收批符合《给水排水管道工程施工及验收规范》GB 50268—2008 规定和设计图纸要求，评定为合格。
项目专业质量检查员：____（手签）
____年__月__日</td></tr>
<tr><td colspan="2">监理（建设）单位验收结论</td><td colspan="12">该验收批符合《给水排水管道工程施工及验收规范》GB 50268—2008 规定和设计图纸要求，验收合格，同意进行下道工序。
监理工程师（建设单位项目专业技术负责人）：____（手签）
____年__月__日</td></tr>
</table>

任务 4.4　管道接口施工

【任务描述】

已建成的排水管道，在使用过程中，由于管材本身的质量原因而发生渗漏以致损坏的现象比较少，但因管道接口的处理不好，而造成管道渗漏以致损坏的现象很常见。处理好敷设管道的接口，是保证排水管道质量的重要环节。现对管道接口的质量进行检验与控制。

【学习支持】

1. 质量检验与控制依据：《给水排水管道工程施工及验收规范》GB 50268—2008

《城市排水工程质量检验标准》DB 29-52-2003

2. 管道接口质量检验与控制的内容：刚性接口的强度、柔性接口的橡胶圈位置、管口间距、相邻管错口。

3. 基本概念

(1) 柔性接口：在保证管道不渗漏的前提下允许管道纵向轴线交错 3～5mm 或交错一个较小的角度。

(2) 刚性接口：不允许管道有轴向的交错。

(3) 变形缝：管道在外界因素作用下常会产生变形，导致开裂甚至破坏，变形缝是针对这种情况而预留的构造缝。

(4) 止水带：止水带一般采用天然橡胶与各种合成橡胶作为主要原料，掺加各种助剂及填充料，经塑炼、混炼、压制成形的有效防止漏水、渗水，并起到减振缓冲作用的橡胶带，如图 4-16 所示。

(5) 橡胶圈：是一个环形固定在管道承口上的套圈或垫圈，防止污水漏出及外物侵入，如图 4-17 所示。

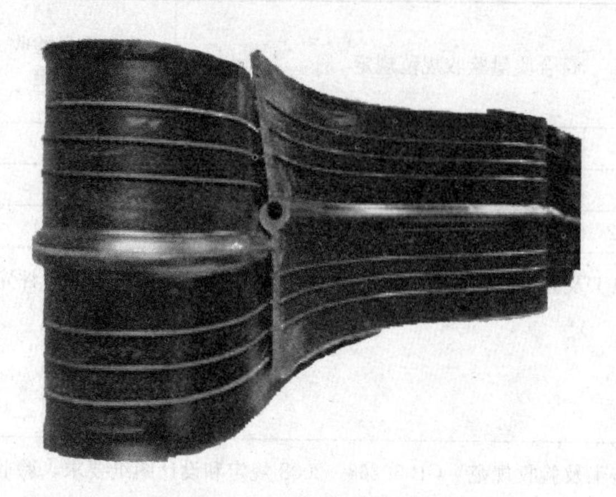

图 4-16　橡胶止水带

图 4-17　混凝土管道橡胶圈

【任务实施】

1. 刚性接口强度的质量检验

（1）基本要求

1）刚性接口的强度符合设计要求，不得有开裂、空鼓、脱落现象。

2）刚性接口宽度和厚度符合设计要求；管道接口填缝应符合设计要求，密实、光洁、平整。

3）抹带前应将管口的外壁凿毛、洗净；采用钢丝网水泥砂浆抹带接口时，钢丝网端头应在浇筑混凝土管座时插入混凝土内，在混凝土初凝前，分层抹压钢丝网水泥砂浆抹带。抹带完成后应立即用吸水性强的材料覆盖，3～4h 后洒水养护。

4）水泥砂浆填缝及抹带接口作业时，落入管道内的接口材料应清除，D≥700mm 时，应采用水泥砂浆将管道内接口部位抹平、压光，D<700mm 时，填缝后应立即拖绳拉平。不得在管缝内填塞碎石、碎砖、木屑等杂物。水泥砂浆抹带接口施工如图 4-18 所示。

图 4-18　水泥砂浆抹带接口施工图

（2）实测项目

管道刚性接口实测项目见表4-23。

管道刚性接口实测项目　　表4-23

检查项目		允许偏差（mm）		检查数量		检查方法
				范围	点数	
1	一般管接口	宽度	+5，0	每10个接口	1点	用钢尺量取
		厚度	+5，0			
2	承插口式乙型接口	$D_i \leqslant 1000$	≤20	3个接口		
		$D_i > 1000$	≤30			

注：一般管是指平口、企口管道。

（3）外观鉴定

抹带接口表面应密实光洁，不得有间断、裂缝、空鼓。

2. 柔性接口橡胶圈位置的质量检测

（1）基本要求

1）柔性接口的橡胶圈位置正确，无扭曲、拖槽、外露现象；承口、插口无破损、开裂；双道橡胶圈的单口水压试验合格。

2）管及管件、橡胶圈产品质量应符合相关规范的规定，橡胶圈应由管材厂配套供应。

3）橡胶圈外观应光滑平整，不得有裂缝、破损、气孔、重皮等现象。

4）每个橡胶圈接头不得超过2个。橡胶圈接头宜用热接，接缝应平整牢固，粗细均匀，质地柔软，无气泡，无裂缝。

5）对口时应将管吊离槽底，使插口胶圈准确地对入承口锥面内，认真检查胶圈与承口接触是否紧密，如不均匀须进行调整，利用边线调整管身位置，以便安装时胶圈准确就位。

6）圆形橡胶圈应滚动就位于工作面，楔形橡胶圈应设置在插口端，滑动就位于工作面，为方便插接应涂抹润滑剂。

（2）实测项目

1）橡胶圈物理性能见表4-24。

橡胶圈物理性能　　表4-24

邵氏硬度	拉断伸长率（%）	拉伸强度（MPa）	使用温度（℃）	老化系数
55～62	＞300	＞13	−40～60	≥0.8（70℃，144h）

2）橡胶圈位置检验

用特定钢尺插入承插口之间检查橡胶圈各部的环向位置（胶圈至承口的距离），确认橡胶圈在同一深度。

（3）外观鉴定

橡胶圈位置正确，无扭曲、外露现象。

3. 管口间隙的质量检验

（1）基本要求

1）钢筋混凝土管沿直线安装时，管口间的纵向间隙应符合设计和产品标准要求，无明确要求时应符合规范的规定。

2）预（自）应力混凝土管曲线安装时，管口间的纵向间隙最小处不得小于5mm，接口转角应符合规范规定。

3）柔性接口的安装位置正确，其纵向间隙应符合规范的相关规定。

（2）实测项目

1）钢筋混凝土管管口的纵向间隙，应符合表4-25的规定。

钢筋混凝土管管口的纵向间隙　　表4-25

管材种类	接口类型	管内径 D_i（mm）	纵向间隙（mm）	检验方法
钢筋混凝土管	平口、企口	500～600	1.0～5.0	用钢尺量取
	承插式乙型口	≥700	7.0～15	用钢尺量取
		600～3000	5.0～1.5	
	承插式橡胶圈接口	插口端面与承口底部距离≤5mm		用钢尺量取

2）预（自）应力混凝土管沿曲线安装接口转角应符合表4-26的规定。

预（自）应力混凝土管沿曲线安装接口的允许转角　　表4-26

管材种类	管内径 D_i（mm）	允许转角（°）
预应力混凝土管	500～700	1.5
	800～1400	1.0
	1600～3000	0.5
自应力混凝土管	500～800	1.5

3）承插式橡胶圈接口沿直线安装时，管口间的最大轴向间隙应符合表4-27的要求。

管口间的最大轴向间隙　　表4-27

管内径 D_i（mm）	内衬式管（衬筒管）		埋置式管（埋筒管）	
	单胶圈（mm）	双胶圈（mm）	单胶圈（mm）	双胶圈（mm）
600～1400	15	—	—	—
1200～1400	—	25	—	—
1200～4000	—	—	25	25

4. 相邻管内底错口的质量检验

（1）基本要求

排水管道相邻管内底错口是降低水力条件，造成淤积和影响疏通的主要原因。因此在施工中应避免在管道安装施工中产生错口。在开槽施工中，每个相邻管口均需要检验。

（2）实测项目

1）相邻管内底错口允许偏差应符合表4-28的要求。

相邻管内底错口允许偏差　　表4-28

检查项目	允许偏差（mm）		检查数量		检查方法
			范围	点数	
相邻管内底错口	D_i<700	施工中自检	两井之间	3点	用钢尺、塞尺量取
	700<D_i≤1000	≤3			
	D_i>1000	≤5			

2）相邻管内底错口检验方法

① 直尺法

先去除管口毛刺清净内底。将直尺的一端置于错口处管底，再将钢尺零点置于相邻错口管底处，使钢尺正面紧贴直尺，这时直尺下沿与钢尺之间显示读数为错口值，如图 4-19 所示。

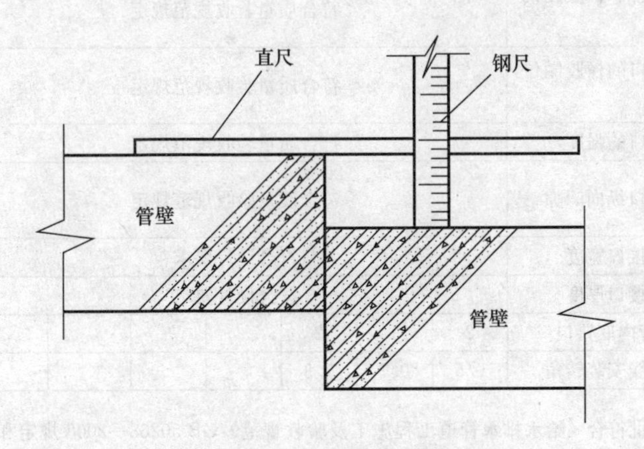

图 4-19　直尺法检测管口错口示意图

上述方法适用于管径≥700mm 管道的检验。

当管径较小时，检验人员无法进入管内操作，施工时应加强控制并做好记录。

② 塞尺法

塞尺又称测微片或厚薄规，是用于检验间隙的测量器具之一。

塞尺使用前必须先清除塞尺和工件上的污垢与灰尘。将直尺一端置于错口处较高管口上，将塞尺垂直于直尺向错口缝隙推进，塞尺上沿斜坡面与直尺接触处所显示数值，即为管口错口数值。

【提示】

在管及管件、橡胶圈产品质量检验时应在检验外观的同时检验产品质量保证资料。

【知识链接】

橡胶圈位置测量所用特定钢尺也称为钢制测隙规或专用钢探尺，其尺寸要求为：厚 0.4～0.5mm，宽 15 mm，长 20 mm 以上。

【工程检验控制实例】

现对某污水管线工程的分项工程管道接口进行质量检验，该分项工程质量检验记录见表 4-29。

分项工程（验收批）质量验收记录　　**表 4-29**

工程名称	某污水管线工程	分部工程名称	开槽施工主体结构	分项工程名称	管道接口
施工单位	某施工单位	专业工长	—	项目经理	—

续表

<table>
<tr><td colspan="3">验收批名称、部位</td><td colspan="8">1号～2号井（一个井段）</td></tr>
<tr><td colspan="2">分包单位</td><td>—</td><td colspan="2">分包项目经理</td><td colspan="2">—</td><td colspan="3">施工班组长</td><td>—</td></tr>
<tr><td></td><td colspan="2">质量验收规范规定的检查项目及验收标准</td><td colspan="7">施工单位检查评定记录</td><td>监理（建设）单位验收记录</td></tr>
<tr><td rowspan="3">主控项目</td><td>1</td><td>管及管件、橡胶圈的产品质量</td><td colspan="7">符合质量验收规范规定</td><td rowspan="3">符合质量验收规范规定</td></tr>
<tr><td>2</td><td>柔性接口的橡胶圈位置</td><td colspan="7">符合质量验收规范规定</td></tr>
<tr><td>3</td><td>刚性接口的强度</td><td colspan="7">符合质量验收规范规定</td></tr>
<tr><td rowspan="5">一般项目</td><td>1</td><td>柔性接口纵向间隙</td><td colspan="7">符合质量验收规范规定</td><td>符合质量验收规范规定</td></tr>
<tr><td>2</td><td>刚性接口宽度</td><td colspan="7">符合设计要求</td><td rowspan="2">符合质量验收规范及设计要求</td></tr>
<tr><td>3</td><td>刚性接口厚度</td><td colspan="7">符合设计要求</td></tr>
<tr><td>4</td><td>相邻管内底错口</td><td>2</td><td>1</td><td>2</td><td></td><td></td><td></td><td></td><td>100%</td></tr>
<tr><td>5</td><td>管道曲线安装转角</td><td>0.5</td><td>0.7</td><td>0.3</td><td></td><td></td><td></td><td></td><td>100%</td></tr>
<tr><td>施工单位检查评定结果</td><td colspan="10">该验收批符合《给水排水管道工程施工及验收规范》GB 50268—2008 规定和设计图纸要求，评定为合格。
项目专业质量检查员：___（手签）
___年__月__日</td></tr>
<tr><td>监理（建设）单位验收结论</td><td colspan="10">该验收批符合《给水排水管道工程施工及验收规范》GB 50268—2008 规定和设计图纸要求，验收合格，同意进行下道工序。
监理工程师（建设单位项目专业技术负责人）：___（手签）
___年__月__日</td></tr>
</table>

任务 4.5　检查井、雨水井施工

【任务描述】

为了保证排水管网系统正常工作，在管道系统上要相应地设置一系列的附属构筑物，主要有检查井和雨水井。这两种构筑物数量最多、应用最广泛，对整个排水系统的造价和使用情况有着很大的影响。现对检查井、雨水井的质量进行检验。

【学习支持】

1. 质量检验与控制依据：《给水排水管道工程施工及验收规范》GB 50268—2008

2. 检查井、雨水井质量检验与控制的主要内容有：检查井井室、雨水井。

3. 基本概念

（1）踏步：是安装在井壁，供人员下井使用的构件。

（2）井箅：用于收集雨水的可以透水的井盖子，如图 4-20 所示。

图 4-20　雨水井箅示意图

【任务实施】

1. 检查井井室的质量检验

(1) 基本要求

1) 所有的原材料、预制构件的质量应符合国家有关标准的规定和设计要求。

2) 砌筑结构井室

砌筑结构检查井井室如图 4-21 所示。

图 4-21　砌筑结构检查井井室

① 井室混凝土基础与管道基础应同时浇筑，所用水泥砂浆强度、结构混凝土强度应符合设计要求。

② 砌筑前砌块应充分湿润，砌筑配合比应符合设计要求，现场拌制应拌合均匀，随用随拌。

③ 井壁砌筑应位置准确，砌筑结构应灰浆饱满、灰缝平直，不得有通缝、瞎缝，预制装配式结构应坐浆、灌浆饱满密实，无裂缝，混凝土结构无严重缺陷，井室无渗水、水珠现象。

④ 排水管道检查井内流槽宜与井壁同时砌筑。

砌块应垂直砌筑，需收口砌筑时，应按设计要求的位置设置钢筋混凝土梁，圆井采用砌块逐层砌筑收口，四面收口时每层收进不应大于30mm，偏心收口时每层收进不应大于50mm。

⑤ 砌块砌筑时，铺浆应饱满，灰浆与砌块四周粘结紧密，不得漏浆，上下砌块应错缝砌筑。

⑥ 砌筑时同时安装踏步，踏步安装后在砌筑砂浆未达到规定抗压强度前不得踩踏。内外井壁应采用水泥砂浆勾缝，有抹面时，抹面应分层压实。

3）预制装配式结构井室

预制装配式结构井室如图4-22所示。

图4-22 预制装配式结构井室

① 预制构件和配件符合设计和安装要求。

② 预制构件装配位置和尺寸正确，安装牢固。

③ 采用水泥砂浆接缝时，企口坐浆与竖缝灌浆应饱满，装配后的接缝砂浆凝结硬化期间应加强养护，并不得受外力碰撞或振动。

④ 设有橡胶圈时，橡胶圈应安装稳固，止水严密可靠。

⑤ 设有预留短管的预制构件，其与管道的连接应按规范有关规定执行。

⑥ 底板与井室、井室与盖板之间的拼缝，其水泥砂浆应填塞严密，抹角光滑平整。

4）现浇筑钢筋混凝土结构井室

现浇筑钢筋混凝土结构检查井室如图4-23所示。

图4-23 现浇筑钢筋混凝土结构检查井室

① 浇筑前，钢筋、模板工程检验合格，混凝土配合比满足设计要求。

② 振捣密实，无漏振、走模、漏浆现象。

③ 及时进行养护，强度等级未达到设计要求不得受力。

④ 浇筑时应同时安装踏步，踏步安装后在混凝土未达到规定抗压强度前不得踩踏。

⑤ 井壁抹面应密实平整，不得有空鼓、裂缝现象，混凝土无明显一般质量缺陷，井室无明显湿渍现象。

⑥ 井内部构造符合设计和水力工艺要求，且内部位置及尺寸正确，无建筑垃圾等杂物，检查井流槽应平顺、圆滑、光洁，并与上下游管道底部接顺。检查井流槽如图4-24

所示。

图 4-24　砌筑检查井内部流槽示意图

⑦ 井室内踏步位置正确、牢固。井室内踏步如图 4-25 所示。

图 4-25　踏步示意图

⑧ 井盖、座规格符合设计要求，安装稳固，如图 4-26 所示。

图 4-26　井盖、座安装

（2）实测项目

井室的实测项目见表 4-30。

井室的实测项目　　表 4-30

<table>
<tr><th colspan="4" rowspan="2">检查项目</th><th rowspan="2">允许偏差（mm）</th><th colspan="2">检查数量</th><th rowspan="2">检查方法</th></tr>
<tr><th>范围</th><th>点数</th></tr>
<tr><td>1</td><td colspan="3">平面轴向位置（轴向、垂直轴向）</td><td>15</td><td rowspan="13">每座</td><td>2</td><td>用钢尺量测、经纬仪测量</td></tr>
<tr><td>2</td><td colspan="3">结构断面尺寸</td><td>+10，0</td><td>2</td><td>用钢尺量测</td></tr>
<tr><td rowspan="2">3</td><td rowspan="2">井室尺寸</td><td colspan="2">长、宽</td><td rowspan="2">±20</td><td rowspan="2">2</td><td rowspan="2">用钢尺量测</td></tr>
<tr><td colspan="2">直径</td></tr>
<tr><td rowspan="2">4</td><td rowspan="2">井口高程</td><td colspan="2">农田或绿地</td><td>+20</td><td rowspan="2">1</td><td rowspan="6">用水准仪测量</td></tr>
<tr><td colspan="2">路面</td><td>与道路规定一致</td></tr>
<tr><td rowspan="4">5</td><td rowspan="4">井底高程</td><td rowspan="2">开槽法管道铺设</td><td>$D_i \leqslant 1000$</td><td>±10</td><td rowspan="4">2</td></tr>
<tr><td>$D_i > 1000$</td><td>±15</td></tr>
<tr><td rowspan="2">不开槽法管道铺设</td><td>$D_i < 1000$</td><td>+10，−20</td></tr>
<tr><td>$D_i \geqslant 1000$</td><td>+20，−40</td></tr>
<tr><td>6</td><td>踏步安装</td><td colspan="2">水平及垂直间距、外露长度</td><td>±10</td><td rowspan="3">1</td><td rowspan="3">用尺量测偏差较大值</td></tr>
<tr><td>7</td><td>脚窝</td><td colspan="2">高、宽、深</td><td>±10</td></tr>
<tr><td>8</td><td colspan="3">流槽宽度</td><td>+10</td></tr>
</table>

（3）外观鉴定

1）井内砂浆抹面无裂缝。

2）井内平整圆滑，收缩均匀。

2. 雨水井的质量检验

（1）基本要求

1）所用原材料、预构件应符合国家有关标准的规定和设计要求。

2）雨水口位置正确，深度符合设计要求，安装不得扭曲。

3）井框、井箅应完整、无损，安装平稳、牢固，如图 4-27 所示，支、连管应直顺，无倒坡、错口及破损现象。

图 4-27　雨水井

4）井内、连接管道内无线漏、滴漏现象。

5）雨水口砌筑勾缝应直顺、坚实，不得漏勾、脱落，内、外壁抹面平整、光洁。

6）支、连管内清洁、流水通畅，无明显渗水现象。

（2）实测项目

雨水口、支管的实测项目见表 4-31。

雨水口、支管的实测项目　　表 4-31

<table>
<tr><th colspan="2" rowspan="2">检查项目</th><th rowspan="2">允许偏差（mm）</th><th colspan="2">检查数量</th><th rowspan="2">检查方法</th></tr>
<tr><th>范围</th><th>点数</th></tr>
<tr><td>1</td><td>井框、井箅吻合</td><td>≤10</td><td rowspan="6">每座</td><td rowspan="6">1</td><td rowspan="6">用钢尺量测较大值（高度、深度也可用水准仪测量）</td></tr>
<tr><td>2</td><td>井口与路面高差</td><td>−5，0</td></tr>
<tr><td>3</td><td>雨水口位置与道路边线平行</td><td>≤10</td></tr>
<tr><td rowspan="2">4</td><td rowspan="2">井内尺寸</td><td>长、宽：+20，0</td></tr>
<tr><td>深：0，−20</td></tr>
<tr><td>5</td><td>井内支、连管管口底高度</td><td>0，−20</td></tr>
</table>

（3）外观鉴定

1）井内砂浆抹面无裂缝。

2）井内平整圆滑，砌筑无错台、无杂物。

【提示】

对原材料、预制构件还要检查产品质量合格证书、各项性能检验报告、进场验收记录。

【知识链接】

1. 水箅的分类

按进水箅在街道上的设置位置可分为平箅式（图 4-28）、立箅式（图 4-29）、联合式（图 4-30）三种。

图 4-28　平箅式雨水口

图 4-29 立箅式雨水口

图 4-30 联合式雨水口

2. 水泥砂浆的强度检验

（1）水泥砂浆取样

排水工程的检查井，每 $50m^3$ 砌体制作一组试件，每组试件 6 个。

（2）砂浆试块的标准尺寸：70.7mm×70.7mm×70.7mm 的立方体。

（3）试验强度的确定

试件成形后，将一组试件分别在压力机上进行压力试验，得到各试件的破坏荷载值，然后用破坏荷载值分别除以试件的横截面积，即：P_1/A、P_2/A、P_3/A、P_4/A、P_5/A、P_6/A，得到相应的压力值，精确到 0.1MPa。

（4）检验标准

① 代表值的确定

以 6 个试件的平均值为该组试件的代表值。

② 评定标准

每个检验批各组试块抗压强度的平均值不得低于设计强度等级所对应的立方体抗压强度。

各组试块中任意一组试件强度的平均值不得低于设计强度等级所对应的立方体抗压

强度的 75%。

【工程检验控制实例】

现对某污水管线工程的分项工程附属构筑物进行质量检验，该分项工程的砌筑检查井质量验收记录见表 4-32，雨水口及支管的质量验收记录见表 4-33。

分项工程（验收批）质量验收记录　　　　**表 4-32**

工程名称		某污水管线工程			分部工程名称		附属构筑物			分项工程名称			砌筑检查井
施工单位		某施工单位			专业工长		—			项目经理			—
验收批名称、部位					1 号检查井								
分包单位		—			分包项目经理		—			施工班组长			—
	质量验收规范规定的检查项目及验收标准		施工单位检查评定记录										监理（建设）单位验收记录
主控项目	1	砂与砂浆强度等级必须符合设计要求	符合质量验收规范规定										符合质量验收规范规定
	2	井室、盖板混凝土抗压强度必须符合设计要求	符合质量验收规范规定										
一般项目	1	井壁砌筑应位置准确，灰浆饱满、灰缝平整，不得有通缝、瞎缝；抹面应压光，不得有空鼓、裂缝现象	符合质量验收规范规定										符合质量验收规范规定
	2	井内流槽应平顺圆滑，不得有建筑垃圾等杂物	符合质量验收规范规定										符合质量验收规范规定
	3	井室盖板尺寸及预留孔位置正确，压墙尺寸符合设计要求，勾缝整齐	符合质量验收规范规定										
	4	井圈、井盖应完整无损，安装牢固，位置正确	符合质量验收规范规定										
	5	井室尺寸	5	−6									100%
	6	井筒直径	4	−1									100%
	7	井口高程	3										100%
	8	井底高程	1										100%
	9	踏步安装	2	4	4								100%
	10	脚窝	5										100%
	11	流槽宽度	0										100%
施工单位检查评定结果	该验收批符合《给水排水管道工程施工及验收规范》GB 50268—2008 规定和设计图纸要求，评定为合格。 项目专业质量检查员：____（手签） ____年__月__日												
监理（建设）单位验收结论	该验收批符合《给水排水管道工程施工及验收规范》GB 50268—2008 规定和设计图纸要求，验收合格，同意进行下道工序。 监理工程师（建设单位项目专业技术负责人）：____（手签） ____年__月__日												

分项工程（验收批）质量验收记录 表 4-33

<table>
<tr><td colspan="2">工程名称</td><td>某污水管线工程</td><td colspan="3">分部工程名称</td><td colspan="3">附属构筑物</td><td colspan="4">分项工程名称</td><td>雨水口及支管安装</td></tr>
<tr><td colspan="2">施工单位</td><td>某施工单位</td><td colspan="3">专业工长</td><td colspan="3">—</td><td colspan="4">项目经理</td><td>—</td></tr>
<tr><td colspan="3">验收批名称、部位</td><td colspan="11">1号检查井处的雨水口及支管安装</td></tr>
<tr><td colspan="2">分包单位</td><td>—</td><td colspan="3">分包项目经理</td><td colspan="3">—</td><td colspan="4">施工班组长</td><td>—</td></tr>
<tr><td></td><td colspan="2">质量验收规范规定的检查项目及验收标准</td><td colspan="10">施工单位检查评定记录</td><td>监理（建设）单位验收记录</td></tr>
<tr><td rowspan="4">主控项目</td><td>1</td><td>所有的原材料、预制构件的质量应符合国家有关标准的规定和设计要求</td><td colspan="10">符合质量验收规范规定</td><td rowspan="4">符合质量验收规范规定</td></tr>
<tr><td>2</td><td>雨水口位置正确，深度符合设计要求，安装不得歪扭</td><td colspan="10">符合质量验收规范规定</td></tr>
<tr><td>3</td><td>井框、井箅应完整、无损，安装平稳、牢固，支、连管应直顺，无倒坡、错口及破损现象</td><td colspan="10">符合质量验收规范规定</td></tr>
<tr><td>4</td><td>井内、连接管道内无线漏、滴漏现象</td><td colspan="10">符合质量验收规范规定</td></tr>
<tr><td rowspan="6">一般项目</td><td>1</td><td>雨水口砌筑勾缝应直顺、坚实，不得漏勾、脱落，内、外壁抹面平整、光洁</td><td colspan="10">符合质量验收规范规定</td><td rowspan="2">符合质量验收规范规定</td></tr>
<tr><td>2</td><td>支、连管内清洁、流水通畅，无明显渗水现象</td><td colspan="10">符合质量验收规范规定</td></tr>
<tr><td>3</td><td>井框与井壁吻合</td><td>5</td><td></td><td></td><td></td><td></td><td></td><td></td><td></td><td></td><td></td><td>100%</td></tr>
<tr><td>4</td><td>井口高程</td><td>−4</td><td></td><td></td><td></td><td></td><td></td><td></td><td></td><td></td><td></td><td>100%</td></tr>
<tr><td>5</td><td>雨水口位置与路边线平行</td><td>7</td><td></td><td></td><td></td><td></td><td></td><td></td><td></td><td></td><td></td><td>100%</td></tr>
<tr><td>6</td><td>井内尺寸</td><td>10</td><td></td><td></td><td></td><td></td><td></td><td></td><td></td><td></td><td></td><td>100%</td></tr>
<tr><td colspan="2">施工单位检查评定结果</td><td colspan="12">该验收批符合《给水排水管道工程施工及验收规范》GB 50268—2008 规定和设计图纸要求，评定为合格。
项目专业质量检查员：____（手签）
____年__月__日</td></tr>
<tr><td colspan="2">监理（建设）单位验收结论</td><td colspan="12">该验收批符合《给水排水管道工程施工及验收规范》GB 50268—2008 规定和设计图纸要求，验收合格，同意进行下道工序。
监理工程师（建设单位项目专业技术负责人）：____（手签）
____年__月__日</td></tr>
</table>

任务 4.6　沟槽回填工程

【任务描述】

在排水管道安装和管线中的附属构筑物检查井砌筑完毕后，污水、雨污合流管道及湿陷土、膨胀土、流砂地区的雨水管道，必须在对排水管道的严密性进行检验合格后，为了防止沟槽槽壁坍塌尽早恢复地面交通，及时进行沟槽回填。在回填过程中回填土的强度和稳定性将直接关系到路面的状况和道路的使用年限，现对沟槽回填进行质量检验与控制。

【学习支持】

1. 质量检验与控制依据：《给水排水管道工程施工及验收规范》GB 50268—2008

2. 沟槽回填质量的检验与控制主要是对刚性管道和柔性管道沟槽回填土压实度的检验。

3. 基本概念

(1) 压实度

压实度是填土工程的质量控制指标。表征现场压实后的密度状况，压实度越高，密度越大，材料整体性能越好。

(2) 击实试验

击实试验是用锤击实土样以了解土的压实特性的一种方法。这个方法是用不同的击实功（锤重×落距×锤击次数）分别锤击不同含水量的土样，并测定相应的干容重，从而求得最大干容重、最佳含水量，作为检测沟槽回填质量的标准依据。

(3) 环刀法

环刀法是测量现场碾压土层密度的传统方法。环刀法测定得到的土的实际干密度与实验室测的最大干密度的比值即为土的压实度。

【任务实施】

1. 沟槽回填的质量检验基本要求

(1) 无压管道在闭水或闭气试验合格后应及时回填。回填材料符合设计要求。

(2) 沟槽不得带水回填，回填应密实。槽内不得有杂物、积水，应保持降排水系统正常运行。

(3) 回填土应密实，压实度应符合设计要求，设计无要求时，应符合规范规定。

(4) 回填应达到设计高程，表面应平整。回填时管道及附属构筑物无损伤、沉降、位移。

(5) 井室、雨水口及其他附属结构回填时应与管道沟槽回填同时进行，不便同时进行时应留台阶形接茬；井室周围回填时应沿井室中心对称进行且不得漏夯；回填材料压实后应与井壁紧贴；路面范围内的井室周围，应采用石灰土、砂（图 4-31）、砂砾（图 4-32）等材料回填，其回填宽度不宜小于 400mm，严禁在槽壁上取土。

(6) 回填材料除设计有要求外，采用土回填时槽底至管顶以上 500mm 范围内，不得

图 4-31 砂

图 4-32 砂砾

回填含有有机物、冻土以及大于 50mm 的砖石等硬块，抹带接口处、防腐绝缘层或电缆周围应采用细土回填。管顶以上 500mm 以外可均匀掺入数量不超过填土总体积的 15%且尺寸不超过 100mm 的冻块；采用石灰土、砂、砂砾等材料回填的质量应符合设计要求或有关规定。

（7）每层回填土虚铺厚度应根据压实机具符合规范规定，每层虚铺厚度见表 4-34。

每层回填土的虚铺厚度 表 4-34

压实机具	虚铺厚度（mm）
木夯、铁夯	≤200
轻型压式设备	200～250
压路机	200～300
振动压路机	≤400

（8）管道埋设的管顶最小覆土厚度应符合设计要求，且满足当地冻土层厚度要求；管顶覆土回填压实度达不到设计要求时应与设计协商处理。

在满足上述回填基本要求的基础上，对刚性管道和柔性管道的沟槽回填土提出不同的检验要求。

2. 刚性管道沟槽回填的检验

（1）基本要求

1）回填压实应逐层进行，且不得损伤管道。

2）管道两侧和管顶以上 500mm 范围内胸腔夯实，应采用轻型压实机具，管道两侧压实面的高差不应超过 300mm。

3）管道基础为土弧基础时，应填实管道支撑角范围内腋角部位，压实时，管道两侧应对称进行，且不得使管道位移或损伤。

4）同一沟槽中有双排或多排管道的基础底面位于同一高程时，管道之间的回填压实应与管道、槽壁之间的回填压实对称进行；基础底面高程不同时，应先回填基础较低的沟槽，回填至较高基础底面高程后，再按上述规定回填。

5）分段回填压实时，相邻管段的接茬应呈台阶形，且不得漏夯。

6）采用轻型压实设备时，应夯夯相连；采用压路机时，碾压的重叠宽度不得小于

200mm，采用压路机、振动压路机等压实机械时，其行驶速度不得超过 2km/h。

7）接口工作坑回填时，底部凹坑应先回填压实至管底，然后与沟槽同步回填。

（2）实测项目

刚性管道回填土压实度应符合规范要求，见表 4-35。

刚性管道回填土压实度　　表 4-35

<table>
<tr><th rowspan="2">序号</th><th colspan="4" rowspan="2">项目</th><th colspan="2">最低压实度（%）</th><th colspan="2">检查数量</th><th rowspan="2">检查方法</th></tr>
<tr><th>重型击实标准</th><th>轻型击实标准</th><th>范围</th><th>点数</th></tr>
<tr><td>1</td><td colspan="4">石灰土类垫层</td><td>93</td><td>95</td><td rowspan="5">100m</td><td rowspan="16">每层每侧一组（每组3点）</td><td rowspan="16">用环刀法检查或采用现行国家标准《土工试验方法标准》GB/T 50132 中其他方法</td></tr>
<tr><td rowspan="4">2</td><td rowspan="4">沟槽在路基范围外</td><td rowspan="2">胸腔部分</td><td colspan="2">管侧</td><td>87</td><td>90</td></tr>
<tr><td colspan="2">管顶以上 500mm</td><td colspan="2">87±2（轻型）</td></tr>
<tr><td colspan="3">其余部分</td><td colspan="2">90（轻型）或按设计要求</td></tr>
<tr><td colspan="3">农田或绿地范围表层 500mm 范围内</td><td colspan="2">不宜压实，预留沉降量，表面正平</td></tr>
<tr><td rowspan="11">3</td><td rowspan="11">沟槽在路基范围内</td><td colspan="2" rowspan="2">胸腔部分</td><td>管侧</td><td>87</td><td>90</td><td rowspan="11">两井之间或 1000m²</td></tr>
<tr><td>管顶以上 250mm</td><td colspan="2">87±2（轻型）</td></tr>
<tr><td rowspan="9">由路槽底算起的深度范围内（mm）</td><td rowspan="3">≤800</td><td>快速路及主干路</td><td>95</td><td>98</td></tr>
<tr><td>次干路</td><td>93</td><td>95</td></tr>
<tr><td>支路</td><td>90</td><td>92</td></tr>
<tr><td rowspan="3">>800～1500</td><td>快速路及主干路</td><td>93</td><td>95</td></tr>
<tr><td>次干路</td><td>90</td><td>92</td></tr>
<tr><td>支路</td><td>87</td><td>90</td></tr>
<tr><td rowspan="3">>1500</td><td>快速路及主干路</td><td>87</td><td>90</td></tr>
<tr><td>次干路</td><td>87</td><td>90</td></tr>
<tr><td>支路</td><td>87</td><td>90</td></tr>
</table>

注：表中重型击实标准的压实度和轻型击实标准的压实度，分别以相应的标准击实试验法求得的最大干密度为 100%。

（3）外观鉴定

从外观上进行观察，对于回填材料检查数量，条件相同的回填材料，每铺筑 1000m²，应取样一次，每次取样至少应做两组测试；回填材料条件变化或来源变化时，应分别取样检测。

3. 柔性管道沟槽回填的检验

（1）基本要求

1）柔性管道的变形率不得超过设计要求或规范规定，管壁不得出现纵向隆起、环向扁平和其他变形。

2）回填前，检查管道有无损伤或变形，有损伤的管道应修复或更换。管内径大于 800mm 的柔性管道，回填施工时应在管内设竖向支撑。

3）管基有效支承角范围应采用中粗砂填充密实，与管壁紧密接触，不得用土或其他材料填充。管道半径以下回填时应采取防止管道上浮、位移的措施。

4）管道回填时间宜为一昼夜中气温最低时段，从管道两侧同时回填，同时夯实。沟槽回填从管底基础部位开始到管顶以上500mm范围内，必须采用人工回填；管顶500mm以上部位，可用机械从管道轴线两侧同时夯实；每层回填高度应不大于200mm。

5）管道位于车行道下，管道铺设后即修筑路面或管道位于软土地层以及低洼、沼泽、地下水位高地段时，沟槽回填宜先用中、粗砂将管底腋角部位填充密实后，再用中、粗砂分层回填到管顶以上500mm。

6）回填作业的现场试验段长度应为一个井段或不少于50m，因工程因素变化改变回填方式时，应重新进行现场试验。

7）柔性管道回填至设计高程时，应在12～24h内测量、记录管道变形率，并应符合设计要求；设计无要求时，钢管或球墨铸铁管变形率应不超过2%，化学建材管道变形率不应超过3%。

（2）实测项目

柔性管道沟槽回填土压实度见表4-36。

柔性管道沟槽回填土压实度 **表4-36**

<table>
<tr><th colspan="2" rowspan="2">槽内部位</th><th rowspan="2">压实度（%）</th><th rowspan="2">回填材料</th><th colspan="2">检查数量</th><th rowspan="2">检查方法</th></tr>
<tr><th>范围</th><th>点数</th></tr>
<tr><td rowspan="2">管道基础</td><td>管底基础</td><td>≥90</td><td rowspan="2">中、粗砂</td><td rowspan="2">每100m</td><td rowspan="6">每层每侧一组（每组三点）</td><td rowspan="6">用环刀法检查或采用现行国家标准《土工试验方法标准》GB/T 50132中其他方法</td></tr>
<tr><td>管道有效支撑角范围</td><td>≥95</td></tr>
<tr><td colspan="2">管道两侧</td><td>≥95</td><td rowspan="3">中、粗砂、碎石屑最大粒径小于40mm的砂砾或符合要求的原土</td><td rowspan="4">两井之间或每1000m²</td></tr>
<tr><td rowspan="2">管顶以上500mm</td><td>管道两侧</td><td>≥90</td></tr>
<tr><td>管道上部</td><td>85±2</td></tr>
<tr><td colspan="2">管顶500～1000mm</td><td>≥90</td><td>原土回填</td></tr>
</table>

注：回填土的压实度，除设计要求用重型击实标准外，其他皆可以轻型击实标准试验获得的最大干密度为100%。

（3）检查方法

1）土的实际干密度的检验——环刀法

对一般黏质土的密度试验，都应采用环刀法，在现场条件下，对粗粒土，可用灌砂法和灌水法。

① 仪器设备

a）环刀：内径6～8cm，高2～5.4cm，壁厚1.5～2.2cm；

b）天平：感量0.01g；

c）其他：切土刀、钢丝锯、凡士林等。

② 操作步骤

a）按工程需要取原状土或制备所需状态的扰动土样，整平其两端，将环刀内壁涂一薄层凡士林，刃口向下放在土样上。

b）用切土刀（或钢丝锯）将土样削成略大于环刀直径的土柱。然后将环刀垂直下压，边压边削，至土样伸出环刀为止。将两端余土削去修平，取剩余的代表性土样测定含水量。

c）擦净环刀外壁称质量。若在天平放砝码一端放一等质量环刀可直接称出湿土质量，准确至0.1g。

d）按下列计算湿密度及干密度：

$$\rho = \frac{m_1 - m_2}{V} \tag{4-5}$$

$$\rho_d = \frac{\rho}{1+\omega} \tag{4-6}$$

式中　ρ——湿密度（g/cm³），计算至0.01；

ρ_d——干密度（g/cm³），计算至0.01；

m_1——环刀与土合质量（g）；

m_2——环刀质量（g）

V——环刀体积（cm³）；

ω——含水率（%）。

e）以上试验需进行二次平行测定，其平行差值不得大于0.03g/cm³。取其算术平均值作为实际干密度。

环刀法试验记录见表4-37。

密度试验（环刀法）　　　　**表4-37**

工程名称

编　　号　　　　试验者

土样说明　　　　计算者

试验日期　　　　校核者

试样编号	土样类别	环刀号	湿土质量（g）	体积（cm³）	湿密度（g）	干土质量（g）	干密度（g/cm³）	平均干密度（g/cm³）

【提示】

本方法适用于测定细粒土及无机结合料稳定细粒土的密度。但检测无机结合料稳定细粒土时，其龄期不宜超过2d。

条件相同回填材料，每铺筑1000m²应取样一次，每次取样至少应做两组测试；回填材料发生变化或来源变化时，应分别取样检验。

【知识链接】

1. 重型击实仪的技术性能：锤质量4.5kg，落距450mm，击实筒直径为152mm，筒高170mm，容积2177cm³，单位击实功为2677.2kJ/m³（分3层击实，每层98击）。

2. 轻型压实机具：施工中常采用的轻型压实机具有振动夯（图4-33）、内燃打夯机（图4-34）等。

3. 压路机：施工中常采用的压路机有振动压路机（图4-35）、液压振动压路机（图4-36）等。

图 4-33　振动夯

图 4-34　内燃打夯机

图 4-35　振动压路机

图 4-36　液压振动压路机

【工程检验控制实例】

现对某污水管线工程的分项工程沟槽回填的质量进行检验，该分项工程回填检验批质量检验记录见表 4-38。

分项工程（检验批）质量验收记录　　表 4-38

<table>
<tr><td colspan="2">工程名称</td><td>某污水管线工程</td><td>分部工程名称</td><td>土石方工程</td><td>分项工程名称</td><td>沟槽回填</td></tr>
<tr><td colspan="2">施工单位</td><td>某施工单位</td><td>专业工长</td><td>—</td><td>项目经理</td><td>—</td></tr>
<tr><td colspan="3">验收批名称、部位</td><td colspan="4">1号～2号井（1个井段）</td></tr>
<tr><td colspan="2">分包单位</td><td>—</td><td>分包项目经理</td><td>—</td><td>施工班组长</td><td>—</td></tr>
<tr><td rowspan="2">主控项目</td><td colspan="2">质量验收规范规定的检查项目及验收标准</td><td colspan="3">施工单位检查评定记录</td><td>监理（建设）单位验收记录</td></tr>
<tr><td>1</td><td>所用回填材料及压实度必须符合设计或规范要求</td><td colspan="3">符合质量验收规范规定</td><td>符合质量验收规范规定</td></tr>
<tr><td rowspan="2">一般项目</td><td>1</td><td>回填应达到设计高程</td><td colspan="3">符合设计图纸要求</td><td rowspan="2">符合规范规定</td></tr>
<tr><td>2</td><td>回填时沟槽内不应有积水</td><td colspan="3">符合质量验收规范要求</td></tr>
</table>

续表

一般项目	3	回填管道无沉降、位移	符合质量验收规范要求										符合规范规定
	4	胸腔部分回填压实度（%）	90	93	91								100%
	5	沟槽在路基范围外（管顶以上 50cm，宽度为管道结构外轮廓）	85	87	86								100%
	6	沟槽在路基范围外（其余部分）	90	94	92								100%
施工单位检查评定结果	该验收批符合《给水排水管道工程施工及验收规范》GB 50268—2008 规定和设计图纸要求，评定为合格。 项目专业质量检查员：____（手签） ____年__月__日												
监理（建设）单位验收结论	该验收批符合《给水排水管道工程施工及验收规范》GB 50268—2008 规定和设计图纸要求，验收合格，同意进行下道工序。 监理工程师（建设单位项目专业技术负责人）：____（手签） ____年__月__日												

任务 4.7　排水管道工程

【任务描述】

为适应城市排水管道工程建设发展的需要，保证排水管道工程的施工质量，需要对管道工程中的各个分项工程进行质量检验。前面学习了各分项工程质量检验和控制的方法，施工完毕后还要按照统一的检验范围和评定方法对工程进行检验验收，这样才能够将排水工程交付使用。

【学习支持】

质量检验与控制依据：《给水排水管道工程施工及验收规范》GB 50268—2008

《给水排水构筑物工程施工及验收规范》GB 50141—2008

【任务实施】

1. 质量检验与控制方法的适用范围

验收标准适用于新建、改建、扩建的城镇公共设施和工业企业的室外排水管道工程的施工和验收。大、中修的排水管道工程可参照执行。

验收标准为施工单位自检，建设单位（监理单位）对工程质量控制，质量监督部门对工程质量检查以及工程竣工验收质量评定的依据。

2. 质量检验验收的基本规定

（1）排水管道工程质量检验的划分

排水管道工程质量检验应划分为单位（子单位）工程、分部（子分部）工程、分项工程和验收批。

分项工程可由一个或若干个验收批组成，验收批可根据施工及质量控制和管道工程验收需要按施工段进行划分。

排水管道工程中单位（子单位）工程、分部（子分部）工程、分项工程划分应符合表 4-39 的要求。

排水管道工程中单位工程、分部工程、分项工程划分表　　表 4-39

<table>
<tr><td colspan="3">单位工程</td><td colspan="2">开（挖）槽施工的管道工程、大型顶管工程、盾构管道工程、浅埋暗挖管道工程、大型沉井工程、大型桥管工程</td></tr>
<tr><td colspan="3">分部工程
（子分部工程）</td><td>分项工程</td><td>验收批</td></tr>
<tr><td colspan="3">土石方工程</td><td>沟槽土方（沟槽开挖、沟槽支撑、沟槽回填）、基坑土方（基坑开挖、基坑支护、基坑回填）</td><td>与下列验收批对应</td></tr>
<tr><td rowspan="4">管道主体工程</td><td>预制管开槽施工主体结构</td><td>金属类管、混凝土类管、预应力钢筒混凝土管、化学建材管</td><td>管道基础、管道铺设、管道连接接口、管道防腐层、钢管阴极保护</td><td>按流水施工长度或井段</td></tr>
<tr><td>管渠</td><td>现浇筑钢筋混凝土管渠、装配式混凝土管渠、砌筑管渠</td><td>管道基础、现浇钢筋混凝土管渠（钢筋、模板、混凝土、变形缝）、装配式钢筋混凝土管渠（预制构件安装、变形缝）、砌筑管渠（砖石砌筑、变形缝）</td><td>每个流水施工段管渠或每节管渠</td></tr>
<tr><td rowspan="2">不开槽施工主体结构</td><td>工作井</td><td>工作井围护结构、工作井</td><td>每座井</td></tr>
<tr><td>顶管</td><td>管道接口连接、顶管管道（钢筋混凝土管、钢管）、管道防腐层</td><td>顶管顶进：每 100m</td></tr>
<tr><td colspan="3">附属构筑物工程</td><td>井室（现浇筑混凝土结构、砖砌结构、预制拼装结构）、雨水口及连接支管、支墩</td><td>同一结构类型的附属构筑物不大于 10 个</td></tr>
</table>

（2）排水管道工程质量检验主要内容

1）实体检验

① 材料检验

排水管道工程用的主要原材料、成品、半成品和构配件等产品的进场复验，应按照进场的批次抽样检验和产品规定的抽样检验频率进行检查，且符合设计和国家现行技术标准的规定。

排水管道工程中主要材料、成品和构配件包括砂石材料、水泥、钢材、商品混凝土、各种混凝土（钢筋混凝土、预应力混凝土等）制品、橡胶制品（止水带、密封圈）等，这些原材料和制成品要进入施工现场使用，必须经过生产厂家的出厂检验和施工单位的进场检验。

出厂检验是指生产厂家必须提供该批材料或制品的出厂合格证（质量保证单），同时应标明基本的技术指标和测试数据。

进场检验是指按施工技术规程的规定，由施工单位对每批进场的原材料进行检验，包括外观质量检查和性能检测，对有明显缺陷的并影响使用的应作退货处理。进场检验时应检查每批产品的订购合同、质量合格证书、性能检验报告、使用说明书，进口产品的商检报告及证件等，并按国家有关规定进行复验，验收合格方能使用。

② 生产设备的检查验收

管道工程施工所需的各类生产设备，主要包括排水系统新建、改建、扩建的雨（污）水管的各类机械设备和电气设备，该类设备先由施工单位根据设计文件提出选型报告，报监理工程师审查。设备安装以前，必须经过检查，确认其满足要求后，方能进行安装施工。

检查生产设备是否符合设计文件要求；如需修改变更，必须办理变更手续。

对生产设备进行数量、质量的清点验收，核对其规格、型号、牌号等，检查各附件是否齐全。

检查生产设备的出厂合格证、产品说明书是否齐全。

③ 施工过程质量检验

对管道基础、管道主体、预制钢筋混凝土构件等检查，应按国家有关标准和标准规定的抽样检验方法进行。施工过程中的质量检验包括材料（产品）质量检验、施工工艺检查、隐蔽工程验收、外形尺寸检查、工程实体质量检查、外观检查、质量保证资料检查等，实测项目检查原则上应全部合格，符合各项标准规范的要求。

2）资料检查

主要包括原材料、构配件等产品合格证及进场复验报告、施工过程中重要工序的自检和交接检查记录、抽样检验报告、见证检验报告、隐蔽工程验收记录等。

【提示】

排水管道工程质量检验评定以验收批为基础，汇总分项工程评定，然后逐级进行分部工程和单位工程评定。

【知识链接】

本任务的排水管道工程质量检验与控制的方法适用于新建、改建、扩建城镇公共设施和工业企业的室外排水管道工程的施工和验收，不适用于工业企业中具有特殊要求的排水管道的施工与验收。

【工程检验控制实例】

现对某污水管线工程进行质量检验验收，该污水管线工程由某施工单位进行工程施工，采用钢筋混凝土管道，开槽法施工，共对 8 项分项工程进行质量验收，各分项工程的施工验收记录见表 4-40。

单位工程（子单位）工程质量竣工验收记录 表 4-40

<table>
<tr><td>工程名称</td><td>某污水管线工程</td><td>类型</td><td colspan="2">钢筋混凝土管道</td><td>工程造价</td><td>—</td></tr>
<tr><td>施工单位</td><td>某施工单位</td><td>技术部门负责人</td><td colspan="2">—</td><td>开工日期</td><td>___年__月__日</td></tr>
<tr><td>项目经理</td><td>—</td><td>项目技术负责人</td><td colspan="2">—</td><td>竣工日期</td><td>___年__月__日</td></tr>
<tr><td>序号</td><td>项目</td><td colspan="2">验收记录</td><td colspan="3">验收结论</td></tr>
<tr><td>1</td><td>分部工程</td><td colspan="2">共6分部，经核查符合标准及设计要求6分部</td><td colspan="3">经验收，该6分部工程符合规范要求，验收合格</td></tr>
<tr><td>2</td><td>质量控制资料核查</td><td colspan="2">共8项，经核审查符合规范及设计要求8项</td><td colspan="3">经验收，质量控制资料核查符合规范要求，验收合格</td></tr>
<tr><td>3</td><td>安全和主要使用功能核查及抽查结果</td><td colspan="2">安全共核查17项，符合要求17项
主要使用功能核查15项，符合要求15项</td><td colspan="3">经验收，安全和主要使用功能核查及抽查结果，全部符合规范要求，验收合格</td></tr>
<tr><td>4</td><td>观感质量检验</td><td colspan="2">共抽查6项，符合要求6项</td><td colspan="3">符合观感要求，评为良好</td></tr>
<tr><td>5</td><td>综合验收结论</td><td colspan="2">该单位工程符合《给水排水管道工程施工及验收规范》GB 50268—2008规定和设计图纸要求</td><td colspan="3">经以下各单位共同验收，该单位工程符合《给水排水管道工程施工及验收规范》GB 50268—2008规定和设计图纸要求，验收合格</td></tr>
<tr><td rowspan="2">参加验收单位</td><td>建设单位</td><td colspan="2">设计单位</td><td colspan="2">施工单位</td><td>监理单位</td></tr>
<tr><td>（公章）
项目负责人
（手签）
___年__月__日</td><td colspan="2">（公章）
项目负责人
（手签）
___年__月__日</td><td colspan="2">（公章）
项目负责人
（手签）
___年__月__日</td><td>（公章）
项目负责人
（手签）
___年__月__日</td></tr>
</table>

参考文献

［1］ 中华人民共和国行业标准. 公路工程技术标准 JTG B01—2014［S］. 北京：人民交通出版社，2014.

［2］ 中华人民共和国行业标准. 公路路基施工技术规范 JTG F10—2006［S］. 北京：人民交通出版社，2006.

［3］ 金桃，张美珍. 公路工程检测技术（第四版）［M］. 北京：人民交通出版社，2013.

［4］ 和松. 公路（第二版）［M］. 北京：人民交通出版社，2012.

［5］ 李福普，李闯民. 材料（第二版）［M］. 北京：人民交通出版社，2012.

［6］ 中华人民共和国行业标准. 公路路基路面现场测试规程 JTG E60—2008［S］. 北京：人民交通出版社，2008.

［7］ 中华人民共和国行业标准. 公路沥青路面施工技术规范 JTG F40—2004［S］. 北京：人民交通出版社，2004.

［8］ 中华人民共和国行业标准. 公路沥青路面设计规范 JTG D50—2006［S］. 北京：人民交通出版社，2006.

［9］ 中华人民共和国行业标准. 公路工程沥青及沥青混合料试验规程 JTG E20—2011［S］. 北京：人民交通出版社，2011.

［10］ 中华人民共和国行业标准. 公路工程土工试验规程 JTG E40—2007［S］. 北京：人民交通出版社，2007.

［11］ 中华人民共和国行业标准. 公路工程水泥及水泥混凝土试验规程 JTG E30—2005［S］. 北京：人民交通出版社，2005.

［12］ 中华人民共和国行业标准. 公路工程无机结合料稳定材料试验规程 JTG E51—2009［S］. 北京：人民交通出版社，2009.

［13］ 中华人民共和国行业推荐性标准. 公路桥涵施工技术规范 JTG/T F50—2011［S］. 北京：人民交通出版社，2011.

［14］ 中华人民共和国行业标准. 公路工程质量检验评定标准 JTG F80/1—2004［S］. 北京：人民交通出版社，2004.

［15］ 中华人民共和国行业标准. 预应力筋用锚具、夹具和连接器应用技术规程 JGJ 85—2002［S］. 北京：中国建筑工业出版社，2002.

［16］ 中华人民共和国行业标准. 公路工程水泥及水泥混凝土试验规程 JTG E30—2005［S］. 北京：人民交通出版社，2005.

［17］ 中华人民共和国行业标准. 回弹法检测混凝土抗压强度技术规程 JGJ T23—2011［S］. 北京：中国计划出版社，2011.

［18］ 中华人民共和国行业推荐性标准. 公路桥梁技术状况评定标准 JTG/T H21—2011［S］. 北京：人民交通出版社，2011.

［19］ 中华人民共和国国家标准. 给水排水管道工程施工及验收规范 GB 50268—2008［S］. 北京：中国建筑工业出版社，2008.

［20］ 焦永达.《给水排水管道工程施工及验收规范》GB 50268—2008 实施指南［M］. 北京：中国建筑工业出版社，2008.

［21］ 中华人民共和国国家标准. 给水排水构筑物工程施工及验收规范 GB 50141—2008［S］. 北京：中

国建筑工业出版社，2008.

[22] 焦永达.《给水排水构筑物工程施工及验收规范》GB 50141—2008 实施指南［M］. 北京：中国建筑工业出版社，2008.

[23] 天津市工程建设标准. 城市排水工程质量检验标准 DB 29-52-2003［S］. 天津：天津建设管理委员会，2003.

[24] 中华人民共和国国家标准. 建筑地基基础设计规范 GB 50007—2011［S］. 北京：中国建筑工业出版社，2011.